내 사람들 메뉴 고민, **옥주부가 대신해드려요**

맛있게 쓴
옥주부
레시피100

PROLOGUE

하루 세 끼, 가족의 식사를 손수 준비하는 일은 단순히 '노동'이나 또는 '사랑'이라는 감정으로 설명할 수 없는 그 이상의 가치인 것 같아요. 노동의 관점에서만 본다면 이보다 더 피곤하고 지루한 일이 있을까 싶어요. 차리고 나면 치우고, 뒤돌면 또 차리고….

어디 그뿐인가요? 매 끼니 무슨 메뉴를 먹을지를 고민하는 것도 만만치 않은 노동이니까요. 제가 옥주부로 살기 전, 그러니까 가장, 아빠, 남편의 타이틀을 앞세워 살 때는 이 가치에 대해 상상조차 하지 못했어요. 돈 버는 일이 집안을 위한 가장 값어치 있는 일이라고 생각했으니까요.

그런데 말이죠.

가족을 위해 365일 매일 밥상을 차리면서 알게 됐어요. 이건 사랑 그 이상의 가치를 지닌 행위라는 것을요. 그리고 그 가치를 이제라도 알게 돼서 분명 저는 행복한 사람이라고요. 가족과의 온전한 소통이 밥상에서 이루어지고, 그것이 삶에 있어서 얼마나 소중한지를 깨닫고 나니 한 끼의 밥상이 가볍게 보이지 않더라고요. 그리고 눈에 들어온 것이 아내와 엄마라는 존재였어요. 인간적으로는 벅찬 힘듦이 분명 있지만 그걸 뛰어넘게 만드는 우주적인 사랑이 완성하는 게 바로 밥상이라는 걸요. 제가 너무 거창했나요? 하지만 사실이에요.

SNS를 통해서 '내 사람들'과 소통하는 게 일상이 되어버렸어요. 혹자들은 남자가 뭐 해 먹고 사는지를 시시콜콜 올린다며 핀잔을 주기도 해요.

하지만 제가 매일 SNS에 우리 집 밥상 메뉴를 올리는 이유는 뭐 먹고 사는지 자랑하려는 게 절대 아니에요. 누군가의 엄마, 누군가의 아내인 '내 사람들'에게 '오늘은 또 뭘 먹어야 하나?' 하는 가볍지만 결코 가볍지 않은 고민을 조금이라도 덜어주고 싶은 마음이에요.

남편들의 공공의 적이 되고 싶은 마음은 없어요, 다만 '내 사람들'이 저를 통해 조금이나마 위로를 받는다면 살림이, 밥상 차리는 일이 조금은 덜 힘들지 않을까? 모든 가족구성원들이 행복했으면 하는 마음인 겁니다.

SNS를 통해 제 레시피를 좋아해 주고, 기다려주는 '내 사람들'에게 좀 더 본격적으로 정리를 해 주고 싶었어요. 그동안 여러 번씩 만들어 보고, 수정을 해가며 기록해 놓은 제 레시피 노트를 싹 정리해서 공유하면 좋겠다 싶었죠. 책을 내기 위해 따로 준비한 레시피가 아닌, 평소 제가 매일같이 만들어 보고 손으로 써 내려온 제 레시피 노트를 공개하는 작업이라 더 설레더라고요. 모쪼록 저의 이런 작은 바람이 '내 사람들'에게 온전히 전해졌으면 해요.

*'내 사람들'은 평소 옥주부가 자신의 팬을 부르는 애칭입니다.

2021년 5월
옥주부 정종철이 '내 사람들'에게

CONTENTS

INTRO 1

INTRO 2

INTRO 3

PART 5

세상 쉬운 김치 10

PART 6

아이도, 어른도 좋아하는 간식 10

INDEX

옥주부의 요리 철칙

1

2

3

4

5

**식재료는
최대한 손질이
많이 되어 있는 것을
구입한다.**
준비하다 질려버리는
상황을 예방할 수
있다.

**한 번에 많이 만들어
비상식량으로
보관한다.**
냉동실에 꽉 찬
비상식량은
곧 주부의 행복이고,
가정의 평화다.

**대형마트보다는
동네 작은 마트를
주로 이용한다.**
그때그때 필요한
것만 구입할 수 있어
과소비를 막는다.

**조미료는 재치있게
두 가지 이상을
섞어 감칠맛을
극대화시킨다.**
조미료 사용을
두려워하면,
가족들의 밥상
공기가 무거워진다.

**한 가지 소스로
여러 가지 메뉴를
만드는 꼼수를
노린다.**
한 번의 노력으로
여러 가지 음식을
해결할 수 있는 건
지혜다.

INTRO **2**

옥주부 레시피 읽는 법

숟가락

옥주부의 레시피 계량은
대부분 '숟가락'으로
표기해요. 흔히 사용하는
성인 숟가락을 기준으로
살짝 올라온 정도를
'1숟가락'으로 잡았어요.
어느 정도 오차가
있을 수는 있지만 우린
전문 셰프가 아니니까요.
편의를 위해 '1종이컵'과
'1꼬집'도 등장합니다.

과정 컷

레시피의 이해를
돕기 위해 중간중간
포인트가 될 만한
요리 과정을 사진으로
보여드려요.
걱정하지 마세요.
헤매지 않고 잘 따라
하실 수 있을 거예요.

쿠킹 팁

레시피 하단에 있는
쿠킹 팁은 옥주부가
직접 요리를 해 보고
알려드리는 리얼
꿀 팁이랍니다.
참고하시면 요리가
더 즐거워집니다.

조미료

조미료를 비롯해
옥주부가 사용한
모든 제품은 최대한
브랜드명과 제품명을
명시했어요. 레시피대로
따라 했는데도 맛이
다르다는 의견들이
있어서 사용한 제품명을
낱낱이 공개합니다.
광고나 PPL과는 전혀
무관해요.

INTRO **3**

옥주부의 요리 비밀병기

샘표 국간장
국물이나
나물요리 할 때

샘표 진간장
무침이나
볶음요리 할 때

옥주부 맛간장
간장 베이스 양념장을
간단히 만들 때

백설 요리당
조림이나
볶음요리 할 때

사과즙
단맛 낼 때

롯데 미림
생선요리 비린 맛
제거할 때

**옥주부 시원한
꽃게해물 국물팩**
국물요리 육수 낼 때

**옥주부 진한
멸치국물팩**
국물요리 육수 낼 때

화유
요리에 불맛을
입히고 싶을 때

이금기 농축치킨스톡
소스나 국물에
감칠맛을 더할 때

청정원 맛소금
모든 요리의
감칠맛을 더할 때

백설 박력밀가루
면 반죽 할 때

매일 연유
디저트에 단맛을 낼 때

**청정원 남해안
멸치액젓**
국물이나 무침 등에
감칠맛을 더할 때

해찬들 초고추장
초고추장 만드는 대신
쉽고 간편하게

옥주부 빨간장
떡볶이, 볶음 등의 양념을
간편하게 만들 때

**청정원
프리미엄 굴소스**
볶음요리에
감칠맛을 더할 때

**샘표 요리에센스
연두 순/청양초**
국물에 감칠맛을
더할 때

오뚜기 순후추
음식의 잡내를
잡아줄 때

아지노모토 혼다시
국물이나 양념에
감칠맛을 더할 때

**청정원 순창
재래식 생된장**
된장찌개를 할 때

**해표 순창
태양초 고추장**
고추장 양념요리 할 때

**청정원 순창 100%
현미 태양초찰고추장**
감칠맛 나는
매운맛을 낼 때

**청정원 맛있는
중화춘장**
자장소스 만들 때

백설 찰밀가루
면이나 디저트 만드는
반죽할 때

청정원 발효 미원
모든 음식의 감칠맛을
더할 때

CJ 쇠고기 다시다
모든 음식에 진한
감칠맛을 더할 때

CJ 조개 다시다
모든 음식에 개운한
감칠맛을 더할 때

**옥주부표
만능 소스
만들기**

만능 빨간장
고추장 10 : 매실액 3 : 물엿 2~3 : 다진 마늘 1
떡볶이, 닭볶음탕, 비빔국수 등 매콤달콤한 양념이
필요한 요리에 뚝딱! 한 번 만들어 두고 다양하게
활용할 수 있으니 주부들에게 이보다 더 좋은
비밀병기가 없겠죠?

만능 간장
물 4: 진간장 1 : 설탕 약간
어묵볶음, 찜닭, 각종 볶음 등 간장양념이 필요한
요리에 뚝딱! 일명 만능 간장 역시 주방의 든든한
비밀병기죠. 갑자기 손님이 왔을 때나 배가 고플 때
바로 해 먹을 수 있으니 좋아요.

PART 1

쉽게 만드는 옥주부표
매일 밑반찬 30

밥만 있으면 한 끼 뚝딱 먹을 수 있는 든든한 밑반찬이지만,
은근히 손이 많이 가고, 귀찮죠?
제가 '내 사람들'을 위해 쉽게 만들 수 있는 밑반찬들을
쫙~ 모았어요. 냉장고 꽉 채워진 밑반찬은
우리들의 든든한 백이잖아요.
저만 믿고 '묻지도 따지지도 말고' 따라 해보세요.

MENU

무침

숙주나물
취나물
무나물
고구마줄기나물
호박고지나물
삼색나물
시금치 두부무침
무말랭이무침

볶음

멸치볶음
꽈리고추 멸치볶음
콩나물볶음
어묵볶음
마늘종 새우볶음
가지볶음
진미채볶음
소고기 오이볶음
표고버섯볶음

조림

메추리알 장조림
연근조림
전복조림
두부조림

별미 반찬

돼지불고기
제육볶음
갈치조림
황태구이
고등어조림
오이냉국
오징어 도라지무침
꼬막무침
닭떡갈비

숙주나물

아삭하고 담백한 숙주나물은 밥 위에 턱하니 올려 먹어도 좋고
고기에 싸 먹어도 그 맛이 최고. 끓는 물에 데쳐 물기를 짜고 소금 간만 하면 완성이에요.

*재료

숙주 400g
홍고추 적당량
소금 1숟가락

양념
대파 ½대
간 마늘·천일염
½숟가락씩
참기름 1숟가락
통깨 1~2숟가락
미원 2꼬집

*조리방법

1 숙주는 끓는 물에 소금을 넣고 1~2분 정도 데친 후

찬물에 바로 식혀 물기를 꼭 짠다.

2 대파는 송송 썰고, 홍고추는 씨를 털어내고 길이로 채 썬다.

3 볼에 ①의 숙주와 분량의 양념 재료를 모두 넣고 조물조물 무친 후

②의 홍고추를 올린다.

옥주부's Cooking Tip

☑ 고명으로 얹을 홍고추!
세로로 채 써는 방법은요 ~
홍고추 배를 갈라 씨를
빼내고요, 잘 펼쳐서
길게길게 그리고 최대한
얇게 썰면 돼요.
☑ 소금 간 할 때 가는소금,
굵은소금 관계 없고요.
맛소금 솔솔 뿌리셔도 돼요.
근데요, 맛소금 쓰실 거면
미원은 꼭 빼셔야 해요.
이미 맛소금 안에 미원이
들어 있거든요.

❷

❸

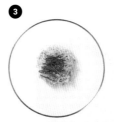

취나물

싱싱한 취나물을 직접 데쳐도 되고, 데쳐서 파는 걸 마트에서 사와도 돼요.
특제 양념으로 조물조물 향긋하게 무쳐 드세요.

*재료

데친 취나물 400g
소금·참기름 1숟가락씩
통깨 적당량

양념
대파 ½대
들기름 1숟가락
간 마늘 ½숟가락
멸치액젓 2숟가락
미원 ⅓숟가락
물 100ml

*조리방법

1 데친 취나물을 먹기 좋은 크기로 썬다.

2 대파는 송송 썰어 나머지 양념 재료와 함께 잘 섞는다.

3 팬에 ①의 취나물과 ②의 양념을 넣고 3분 정도 중불에 볶다가

불을 끄고 참기름과 통깨를 넣는다.

옥주부's Cooking Tip

☑ 양념에 물을 넣어
끓이듯 볶으면 나물이
더 부들부들 해집니다.
뒤적뒤적 끓인다 생각하고
볶아주세요.

☑ 감칠맛 나는 취나물의
비밀은 멸치액젓! 잊지
마세요.

무나물

무나물 하면 촉촉하고 물렁한 식감만 떠오르시죠? 고소한 들기름 냄새 솔솔 나면서 아삭함이 살아 있는
무나물은 어떨까요? 상상이 안 간다고요? 한번 드셔 보세요. 이 식감 잊지 못할 거예요.

*재료

무 ½개(500g)
식용유·들기름
1숟가락씩
통깨 2~3숟가락

양념

소금 ⅓숟가락
간 마늘·소고기다시다
½숟가락씩
미원 ¼숟가락

*조리방법

1 무는 껍질을 벗기고 길이로 채 썬다.

2 팬에 식용유와 들기름을 섞어 두른 후 채 썬 무와

양념 재료를 모두 넣고 볶는다.

3 무가 살캉하게 익을 때까지 볶다가 불을 끄고 통깨를 뿌린다.

옥주부's Cooking Tip

☑ 무는 덜 익은 것과
푹 익은 것 중간 정도로 볶아
주세요. 씹었을 때 아삭한
식감이 살아 있어야 해요.
☑ 국간장 등 색이 진한
양념을 안 쓰는 것이 포인트!
시커먼 무나물은 매력
없어요~ 옥주부만의
뽀얀 무나물을 만들어
보시자고요!

❶

❷

고구마줄기나물

삶은 고구마줄기로 후다닥 볶아낸 정월대보름 나물입니다.
누가 나물 어렵다고 했나요? 뚝딱 만들었는데 맛까지 있어 깜짝 놀라는 나물. 함께 만들어 볼까요?

*재료

삶은 고구마줄기 500g
대파 ⅓대
멸치액젓 1숟가락
통깨 4숟가락
들깻가루 3숟가락

양념
물 50ml
소고기다시다·간 마늘
½숟가락씩
소금 ¼숟가락

옥주부's Cooking Tip

☑ 고구마줄기는요,
그냥 삶아 놓은 거 사셔요.
말려 놓은 거 아이고…
그거 불려서, 삶아서…
너무 힘들어요.
우리 스트레스 받지 말고
요리해요!

*조리방법

1 삶은 고구마줄기는 멸치액젓에 조물조물 무치고, 대파는 송송 썬다.

2 팬에 ①의 고구마줄기와 분량의 양념 재료를 함께 넣어 볶다가

대파와 통깨, 들깻가루를 넣고 좀 더 볶아 완성한다.

호박고지나물

호박고지, 생경하시죠? 애호박을 얇게 썰어 가.으내 햇볕에 말려둔 건데 비타민D가 풍부해 골다공증 예방에 도움이 된대요. 쫄깃한 식감과 감칠맛이 일품인 호박고지. 마트에 가면 쉽게 구할 수 있어요.

*재료

호박고지 100g
대파 ⅓대
들깻가루 2숟가락

양념
들기름 1숟가락
간 마늘 ½숟가락
소금 · 소고기다시다
⅓숟가락씩
물 100ml

*조리방법

1 호박고지는 물에 담가 30~40분 정도 불린 후 투명한 물이 나올 때까지
치대듯 씻는다. 대파는 어슷 썬다.

2 팬에 손질한 호박고지와 분량의 양념 재료를 함께 넣어 볶다가
마지막에 들깻가루를 넣고 1~2분 더 볶아낸다.

옥주부's Cooking Tip
☑ 차게 먹어도, 따뜻하게
먹어도 너무 맛있는
나물이에요. 특히 밥에
이거랑 고추장 넣고
참기름 살짝!
슬슬 비벼 드시면, 어우야!

1-1

1-2

2

삼색나물

도라지, 고사리, 시금치는 기본 중에 기본 나물이죠.
데치는 법에 따라 미묘한 맛의 차이가 있는데 저만 믿고 따라와보세요.

*재료

[도라지나물]
도라지 400g
대파·소금·설탕
적당량씩
양념
소금·설탕·식용유
½숟가락씩
간 마늘·들기름
1숟가락씩

[고사리나물]
삶은 고사리 900g
대파 1대
들깻가루 3숟가락
양념
국간장 5숟가락
간 마늘·들기름·참기름
1숟가락씩
식용유 ½숟가락
맛소금 3~5꼬집

[시금치나물]
시금치 2단(600g)
대파 ½대
소금 1숟가락
통깨 적당량
양념
간 마늘·소금·
미원 ½숟가락씩
참기름 1숟가락

*조리방법

[도라지나물]

1 도라지는 소금, 설탕으로 버무린 후 소금을 넣은 끓는 물에 데친다.

대파는 송송 썬다.

2 팬에 식용유와 들기름을 섞어 두른 후 ①의 도라지와 대파, 나머지 양념 재료를

모두 넣고 2~3분 정도 볶는다.

[고사리나물]

1 삶은 고사리는 물기를 꼭 짠 후 먹기 좋게 썰고 대파는 송송 썬다.

2 팬에 ①의 고사리와 대파, 분량의 양념 재료를 함께 넣어 볶다가 마지막에

들깻가루를 넣고 1~2분 더 볶아낸다.

[시금치나물]

1 시금치는 끓는 물에 소금을 넣고 3~5초 담갔다 뺀 후 찬물에 바로 식혀

물기를 꼭 짠다.

2 데친 시금치는 먹기 좋은 크기로 썬다. 대파는 송송 썬다.

3 볼에 ②의 시금치와 대파, 분량의 양념 재료를 모두 넣고 조물조물 무친 후

통깨를 뿌려낸다.

옥주부's Cooking Tip
☑ 나물은 '뜨거운 물에 살짝 데쳐 숨을 죽이고, 소금 간, 참기름, 통깨 등으로 마무리한다'라고
생각하시면 이해가 쉬워요. 나물이라면 겁부터 먹는 내 사람들! 그러니 겁내지 말아요.
☑ 도라지에 적당량의 설탕과 소금을 넣고 조물조물하는 이유는요, 그래야 도라지의 아린 맛이
사라지거든요. 그러니 생략하시면 안 돼요!
☑ 나물용 시금치는 끓는 물에 딱 3~5초만 데쳐요. 담갔다 뺀다고만 생각하면 쉬워요.
그리고 시금치는 포항초가 가장 맛있는 거, 두말하면 입 아파요.

시금치 두부무침

나물 안 먹는 아이들도 시금치에 고소한 두부를 으깨서 넣으면 워메 할렐루야.
이게 뭐냐며 그렇게 좋아할 수 없어요.

*재료

시금치 2단 반(800g)
두부 150g
식용유 적당량
소금 약간

양념
간 마늘·맛소금
½숟가락씩
참기름 1숟가락
통깨 적당량

*조리방법

1 시금치는 끓는 소금물에 1분 정도 데친 후 찬물에 바로 식혀 물기를 꼭 짠다.

2 식용유를 두른 팬에 두부를 넣고 으깨면서 볶는다.

3 볼에 데친 시금치와 볶은 두부, 분량의 양념 재료를 넣고 조물조물 무친다.

옥주부's Cooking Tip

☑ 맛소금이 없으면
가는소금으로! 간은 맞는데
뭔가 아쉽다?
그럼 미원 두 꼬집으로
해결하셔요.

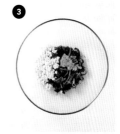

무말랭이무침

그래요. 아는 맛. 원래 아는 맛이 무서운 법이잖아요.
찬물에 밥 말아서 무말랭이 무침 한 접시면 뭐, 밥 두 그릇은 기본이죠.

3~4인분 | 🕐 10~15분(무말랭이 불리는 시간 포함 30분) | ☰ 난이도 하

*재료

무말랭이 200g
대파 2대
통깨 약간

찹쌀풀
물 240ml
찹쌀가루 1숟가락

양념
진간장 5숟가락
물엿 10숟가락
멸치액젓 4숟가락
고춧가루 9~10숟가락
간 마늘 1½숟가락
간 생강 ½숟가락

*조리방법

1 무말랭이는 미지근한 물에 20분 정도 담가 불린 후 물기를 꼭 짠다.

대파는 어슷 썬다.

2 분량의 찹쌀풀 재료를 잘 섞어 뭉근하게 끓인 후 식혀 찹쌀풀을 만든다.

3 볼에 ①의 무말랭이와 대파, 찹쌀풀(200ml), 분량의 양념 재료를 넣고

잘 버무린 후 통깨를 뿌린다.

옥주부's Cooking Tip
☑ 불린 무말랭이를 망에
담고, 그 위에 돌과 같이
무거운 것을 올려 두면 쉽게
물을 짤 수 있어요.

1
3-1
3-2

멸치볶음

멸치볶음만 하면 딱딱한 맛탕처럼 굳어 고민이 이만저만이 아니라고요?
바삭하고 달콤한데 딱딱하진 않은 멸치볶음 팁을 드릴게요. 따라와요. 감동 준비하시고요.

*재료

가는 멸치 200g
식용유 50ml
소주 ⅓잔

양념
마요네즈·설탕
2숟가락씩
올리고당 5~7숟가락

*조리방법

1 멸치는 식용유를 두른 팬에 튀기듯 볶는다.

이때 중불에서 젓가락으로 멸치를 저어주며 고루 기름을 먹게 한다.

2 멸치가 충분히 볶아지면 소주를 넣고 좀 더 볶다가 바싹 튀겨진 것 같으면

불에서 내린다. 바로 마요네즈를 넣고 골고루 섞는다.

3 ②를 완전히 식힌 후 설탕과 올리고당을 넣고 한 번 더 고루 섞는다.

옥주부's Cooking Tip

☑ 설탕이나 물엿은 열이 가해지면 엿처럼 딱딱해지는 성질이 있어요. 때문에 가스불을 켠 상태로 설탕 넣고, 물엿 넣고 하면 사탕같이 딱딱한 멸치볶음이 되는 거예요. 딱딱진 않으면서 바삭바삭한 멸치볶음을 만들고 싶다면 마요네즈에 버무리고 충분히 식힌 다음 설탕이나 올리고당 넣기!

☑ 멸치를 볶을 때 소주를 넣으면 멸치 특유의 잡내와 비린내를 날릴 수 있어요.

❶   ❷

꽈리고추 멸치볶음

냉장고 속 묵은 멸치를 발견했다면 볶아줘야죠. 씹히는 맛이 아삭하게 살아 있는 꽈리고추와
간장의 구수한 맛이 잘 밴 멸치의 조합을 맛보시지요.

*재료

꽈리고추 400g
중멸치 150g
홍고추 ½개
소금 1숟가락
통깨 약간

양념
대파 ½대
맛간장·굴소스
1숟가락씩
올리고당 1~2숟가락
간 마늘 ⅓숟가락

*조리방법

1 꽈리고추는 끓는 물에 소금을 넣고 2분 정도 데친 후

찬물에 헹궈 물기를 뺀다.

2 홍고추는 씨를 털어내고 길이로 곱게 채 썬다.

3 멸치는 마른 팬에 초벌로 볶다가 체에 밭쳐 멸치 부스러기를 거른다.

4 웍에 ③의 멸치와 분량의 양념 재료를 넣고 중불에 볶다가

마지막에 ①의 꽈리고추를 넣고 한 번 더 볶는다.

②의 홍고추를 얹고 통깨를 뿌려 마무리한다.

옥주부's Cooking Tip

☑ 꽈리고추는요, 오래
데치지 말고 2분 안쪽으로,
멸치는 마른 팬에 바싹
볶는게 포인트예요. 씹었을
때 멸치는 꾸덕꾸덕해야
하고 꽈리고추는 살짝
아삭하면서 특유의 향이
살아 있어야 맛있거든요.
그러니 재료들 다 섞어
볶아낼 때 꽈리고추는 꼭!
맨 마지막에 넣어 볶으세요.

콩나물볶음

엄마의 손맛, 그 느낌대로 만들어보았습니다.
오독오독 씹을 때 나는 소리에 벌써 군침이 돌지 않으세요?

*재료

콩나물 600g
파 ¼대
통깨 약간
들기름 1숟가락

양념
고춧가루 1½숟가락
굵은소금·미원
⅓숟가락씩
간 마늘 ½숟가락

*조리방법

1 콩나물은 흐르는 물에 살짝 씻어 물기를 제거하고, 파는 송송 썬다.

2 팬에 들기름을 두른 후 ①의 콩나물과 파, 분량의 양념 재료를 넣고
콩나물 비린내가 사라질 때까지 3~5분간 볶다가 통깨를 넉넉히 뿌린다.

옥주부's Cooking Tip

☑ 언제까지 볶아야 하냐고
물으신다면, 간 볼 때
콩나물의 비린내가 사라질
때까지만 볶으면 된다고
말하겠어요.

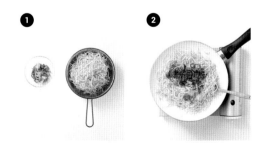

어묵볶음

아이 반찬으로 으뜸인 어묵볶음입니다.
이 반찬만 마스터해도 반찬의 달인으로 등극~

*재료

어묵 600g
대파 ½대
당근 ⅓개
양파 ¼개
홍고추 1개
식용유 적당량

양념
간 마늘 ½숟가락
굴소스·진간장·물
2숟가락씩
요리당 1숟가락

*조리방법

1 어묵은 먹기 좋게 썰고, 대파와 홍고추는 송송 썬다.

당근은 채 썰고, 양파는 깍둑썰기 한다.

2 식용유를 두른 팬에 어묵을 뺀 ①의 채소들을 볶다가 적당히 익으면

마지막에 어묵, 분량의 양념 재료 순으로 넣고 한 번 더 볶는다.

옥주부's Cooking Tip

☑ 채소, 어묵, 양념, 순서만 잘 맞춰 볶으면 정말 간단한 요리예요. 재료 준비부터 완성까지 거짓말 안 보태고 10분 컷!

☑ 어묵볶음은요, 양념보다 어묵 퀄리티가 중요하다고 생각해요. 저희 집은 고래사어묵을 먹고 있답니다.

마늘종 새우볶음

씹히는 맛이 살아있는 마늘종 새우볶음을 만들어 볼까요?
새우 대신 소시지를 넣으면 마늘종 소시지볶음이죠. 둘 다 아이들이 좋아라 하는 반찬이네요.

*재료

마늘종 ½단
건새우 50g
소금 ½숟가락
통깨 약간

양념
진간장 2숟가락
굴소스·요리당
1숟가락씩

*조리방법

1 마늘종은 1cm 길이로 썬 후 끓는 물에 소금을 넣고 1~2분 정도 데친다.

2 마른 팬에 건새우를 넣고 중불에 3~4분 정도 볶은 후

체에 밭쳐 부스러기와 불순물을 털어낸다.

3 팬에 ①의 마늘종과 ②의 건새우를 넣고 볶다가

센 불에 분량의 양념 재료를 넣고 2~3분 정도 더 볶는다.

4 통깨를 뿌려 마무리한다.

옥주부's Cooking Tip

☑ 건새우는 마른 팬에
볶다가 체에 밭쳐 가루나
불순물을 제거한 후
사용하는 것이 좋아요.
볶기만 하면 요리가
지저분해지고 맛도
텁텁해 지거든요.

가지볶음

진심 맛있는 가지볶음,
이거 한번 드시면 앞으로 끼니마다 가지를 드시지 않을까? 자신 있습니다.

*재료

메인
가지 3개
대파 ½대
청양고추 3개
베트남고추 5개
식용유 30ml

양념
진간장 3순가락
굴소스 1순가락
설탕 ½순가락
미원 2꼬집

*조리방법

1 가지는 반으로 가른 후 얇게 어슷 썰고, 대파는 다진다.

청양고추는 씨를 털어내고 다진다.

2 팬에 식용유를 두르고 ①의 대파와 청양고추를 넣고 볶아 파기름을 낸다.

3 ②에 손질한 가지와 분량의 양념 재료를 넣고 볶다가

베트남고추를 넣고 1분 정도 더 볶는다.

옥주부's Cooking Tip
☑ 가지볶음의 키포인트는
어슷 썰어 놓은 가지의
두께예요. 아주 얇게
썰어서 재빨리 볶아내야
가지볶음에서 물이 안
나오거든요. 두껍게 썰면
물이 흥건히 나와서
볶음인지, 국물 요리인지,
도통 분간이 안 갈 거예요.
그러면 풍미도 떨어지고요.

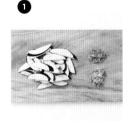

진미채볶음

반찬가게의 간판 메뉴, 진미채볶음으로 가봅시다.
옥주부빨간장으로 만들었지만 없어도 되는 거, 내 사람들은 다 아시죠?

*재료

진미채 300~350g
식용유 적당량
통깨 약간

양념
간 마늘 1순가락
옥주부빨간장 4순가락
마요네즈 2순가락
고운 고춧가루 약간
물엿(올리고당) 3순가락

*조리방법

1 웍에 간 마늘, 옥주부빨간장, 마요네즈를 넣고 잘 섞는다.

2 가위로 먹기 좋게 자른 진미채를 ①의 양념과 잘 버무린다.

3 식용유를 두른 팬에 양념한 진미채를 넣고 중불에서 볶다가 고춧가루와

물엿을 넣고 한 번 더 볶은 후 통깨를 뿌린다.

옥주부's Cooking Tip

☑ 옥주부빨간장이 없다면? 약고추장을 만들어 사용해보세요.

재료
다진 소고기 100g, 대파 ⅓대, 식용유 1순가락
양념 고추장 5순가락, 미림·꿀 2순가락씩, 참기름·통깨 1순가락씩, 후춧가루 1~2꼬집

조리 방법
1 식용유를 두른 팬에 파를 볶아 파기름을 내고, 다진 소고기를 넣어 볶는다.
만약 다진 소고기가 없다면 옥주부떡갈비나 만두소로 대신할 수 있다.
2 ①의 소고기가 적당히 익으면 분량의 양념 재료를 넣고 중약불에 슬슬 저어가며 3~4분 정도 볶는다.

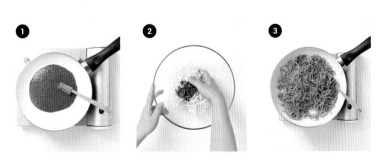

소고기 오이볶음

신효섭 셰프가 내 사람들을 위해 공개한 레시피.

절인 오이와 불고기 양념이 밴 다진 소고기를 합하면 기막힌 밑반찬이 됩니다. 아이 반찬으로도 좋아요.

*재료

다진 소고기 100g
오이 2개
물엿 150g
굵은소금 15g
홍고추 ½개
통깨 약간

양념
진간장·설탕
2순가락씩
다진 파·미림
1순가락씩
간 마늘·참기름
½순가락씩
후춧가루 약간

*조리방법

1 오이는 깨끗이 씻어 4~5cm 길이로 4등분한 후 씨를 제거한다.

2 홍고추는 씨를 털어내고 길이로 채 썬다.

3 손질한 오이는 물엿과 굵은소금으로 30분 정도 절인 후

손으로 물기를 꼭 짠다.

4 다진 소고기와 분량의 양념 재료를 섞은 후 팬에 볶는다.

5 ④의 볶은 소고기에 절인 오이를 넣고 한 번 더 볶은 후

홍고추와 통깨를 넣어 마무리한다.

옥주부's Cooking Tip

☑ 오이를 절일 때 오이의
수분을 빨리 제거하려면
물엿이나 올리고당을
넣어보세요.

☑ 저는 절인 오이를 물에
헹구지 않고 사용했지만,
간을 보고 짜다 싶으면
헹궈도 돼요.

표고버섯볶음

집에 건표고 있나요? 생표고면 더 좋고요.
너무 맛난데 너무나 간단한 표고버섯볶음. 나 믿고 꼭 만들어봐요.

*재료

건표고버섯 30g
(생표고버섯 7~8개)
청고추 3개
양파 ½개
식용유 적당량
맛소금 ¼숟가락
베트남 건고추 4개

양념
참기름 1숟가락
소고기다시다 ⅓숟가락
멸치다시다 ¼숟가락

*조리방법

1 건표고버섯은 물에 10~15분 정도 담가 불린다.

2 불린 건표고버섯의 물기를 손으로 꼭 짜고 편으로 썬다.

베트남 고추는 굵게 채썰고, 청고추는 씨를 털어낸 후 어슷 썰고,

양파는 잘게 깍둑썰기 한다.

3 볼에 손질한 버섯과 채소, 분량의 양념 재료를 모두 넣고 조물조물 무친다.

4 식용유를 두른 웍에 ③을 넣고 양파가 투명해질 때까지 볶는다.

마지막에 맛소금으로 간한다.

옥주부's Cooking Tip

☑ 생표고버섯으로
요리하면 더 맛있어요.
버섯의 지붕은 슬라이스하고
기둥은 손으로 길게 찢어서
사용하세요.
☑ 맛소금이 없으면
고운 소금으로 간하면 돼요.
소금으로 간할 때는
대상미원 살짝 쳐 주세요.

❶

❸

❹

메추리알 장조림

삶은 메추리알 1kg을 사세요. 의욕 넘쳐서 직접 삶으면 껍질 까면서 먹는 게 더 많아요.
옥주부맛간장이 있는 버전과 없는 버전으로 준비했습니다.

*재료

깐 메추리알 1kg

양념
옥주부맛간장 100ml
물 150~200ml

*조리방법

1 냄비에 메추리알과 분량의 양념 재료를 넣고 국물이 반이 될 때까지 졸인다.

옥주부's Cooking Tip
☑ 옥주부맛간장이 없다면? 만들어야죠.
아래의 재료를 모두 섞은 후 메추리알과 함께 졸여주세요!
재료
진간장 50ml, 물 150~200ml, 물엿 4숟가락, 소고기다시다 ⅓숟가락,
미원 ¼숟가락, 간 마늘 ½숟가락

옥주부's Cooking Tip
☑ 당장 만들어 냈을 때는
말랑말랑하지만,
냉장보관하고 나면 좀
딱딱해지잖아요.
그 식감이 싫다면
장조림이 담긴 그릇에
랩을 씌운 후 전자레인지에
30초만 돌려보세요. 당장
만든 것 같이 말랑말랑한
메추리알 장조림을 드실 수
있을 거예요.

❶

연근조림

요리 난이도 1인 연근조림입니다. 단, 불 조절이 중요하니 중불에서 여유 있게 조리하세요.
10분이면 아삭한 맛을 살릴 수 있고 15분이면 쫀득한 맛을 낼 수 있어요.

*재료

연근 250g
식용유 적당량
소금 1숟가락

양념
진간장 2숟가락
굴소스·요리당
1숟가락씩

*조리방법

1 연근은 슬라이스한 후 끓는 물에 소금을 넣고 2분 정도 데친다.

2 팬에 기름을 두르고 중불에서 연근을 볶다가 분량의 양념 재료를 넣고
국물이 졸아들 때까지 볶는다.

옥주부's Cooking Tip

☑ 불 조절이 중요해요.
센 불보다는 중불로
조리하세요.
☑ 만약 색이 잘 안 나오면
양념을 만들어 같은 비율로
조금씩 첨가해보세요.
☑ 이 레시피는 연근의
아삭함이 살아 있는
연근조림이에요.
쫀득한 연근조림을
좋아하신다고요?
그럼 연근을 끓는 물에
15분 정도 데친 후 위의
방법 그대로 만들어보세요.
'쫀득쫀득'한 연근조림을
맛볼 수 있을 거예요.

전복조림

입맛 까다로운 아이도 잘 먹는 전복조림입니다.
아이는 물론 온 가족이 좋아하는 단짠단짠한 맛이 포인트.

*재료

전복 10마리
소주·식용유 약간씩
통깨 적당량

양념
옥주부맛간장 100ml
물 250ml
조개다시다·설탕
1순가락씩
미원 ⅓순가락

*조리방법

1 전복을 솔로 깨끗이 씻어낸 후 찜통에 넣고 7~10분 정도 찐다.

2 분량의 양념 재료를 잘 섞는다.

3 ①의 전복은 내장과 이빨을 제거한 후 편으로 썰어 밀폐용기에 담고

②의 양념을 부어 반나절 정도 둔다.

4 ③에서 전복만 건져내 식용유를 두른 팬에 중불로 볶다가

소주를 넣고 1~2분 정도 더 볶는다.

5 ④에 ③에서 남은 양념을 붓고 졸인다. 충분히 졸여지면 통깨를 뿌려 낸다.

옥주부's Cooking Tip

☑ 전복을 찜통에 넣고
찌는 이유는 전복의
비린내를 잡기 위해서예요.
☑ 좀 더 달고, 윤기가
흐르길 원한다면 올리고당을
더한 후 졸여 보세요.

두부조림

반찬 없을 때 후다닥 해 먹는 두부조림입니다.
시판용 옥주부맛간장으로 만들테니 그대로 따라오시죠.

*재료

두부 1모(300g)
홍고추·청양고추·양파
½개씩
대파 ⅓대
식용유 적당량

양념
고춧가루 ½숟가락
옥주부맛간장
3~4숟가락
물 100ml
간 마늘 1숟가락

*조리방법

1 두부는 한 입 크기로 썰어 식용유를 넉넉히 두른 팬에 튀기듯 굽는다.

2 청양고추와 양파, 대파는 곱게 다지고, 홍고추는 송송 썬다.

3 구운 두부에 ②의 채소와 분량의 양념 재료를 모두 넣고 국물이

자작해질 때까지 졸인다.

옥주부's Cooking Tip
☑ 매운 거 못 드시면
청양고추 대신에
풋고추를 넣어도 좋아요.

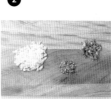

돼지불고기

'기사식당 따라잡기' 시리즈로 소개했던 음식이에요.
포인트는 비계 있는 얇은 돼지고기와 자작한 국물. 준비되셨다면 믿고 따라와 보시지요.

*재료

돼지고기 앞다리살 600g
양배추 150g
양파 ½개
진간장·미림 3숟가락씩
파채 50g
식용유 2숟가락

양념장
진간장 50ml
물 200ml
설탕 5숟가락
간 마늘·소고기다시다
1숟가락씩
혼다시·미원
⅓숟가락씩

*조리방법

1 양배추와 양파는 깍둑 썬 후 식용유를 둘러 달군 웍에 볶는다.

2 ①의 양파가 투명해지기 시작하면 진간장과 미림을 넣고 좀 더 볶는다.

3 ②의 채소가 숨이 죽으면 돼지고기 앞다리살과 섞어둔 양념장을 넣고 끓인다.

4 ③의 고기가 익으면 파채를 올린다.

옥주부's Cooking Tip

☑ 정육점에 가서 "돼지고기 앞다리살, 지방 있는 놈으로 한 근 주세요~ 돼지고기 불고기 할 거예요. 얇게 썰어주세요"라고 하세요.

☑ 옥주부맛간장 50ml, 물 200ml, 간 마늘 1숟가락을 섞어 양념장을 만들 수 있어요.

☑ 스토브에 약불로 데우면서 드세요. 기사식당에서 먹는 기분을 낼 수 있다니까요.

제육볶음

기사식당이나 함바집에서 만났던 그 제육볶음. 국물 없이 칼칼한, 자꾸만 당기는 그 맛.
촉촉함은 덜 하지만 고기 씹는 식감은 훨씬 좋답니다.

*재료

돼지고기 뒷다리살 600g
양파 ½개
대파 1대
당근 ⅛개
고춧가루 3숟가락
식용유 2숟가락
통깨·청·홍고추
약간씩

양념장
진간장·미림 4숟가락씩
굴소스·매실액
2숟가락씩
설탕 1½숟가락
간 마늘·소고기다시다
1숟가락씩
참기름 ½숟가락
미원 ⅓숟가락
후춧가루 적당량

*조리방법

1 양파는 깍둑썰기 하고, 대파는 송송 썰고, 당근은 나박썰기 한다.

2 양념장 재료는 미리 섞어둔다.

3 식용유를 두른 팬에 돼지고기 뒷다리살을 볶는다.

4 ③에서 고기 기름이 나오면 고춧가루 넣고 볶다가 ①의 손질한 채소를
모두 넣고 중불에서 볶는다.

5 고기가 70~80% 정도 익으면 준비해둔 양념장을 넣고 잘 뒤섞으며
고기를 완전히 익힌다.

6 고명으로 통깨와 어슷 썬 청·홍고추를 올린다.

옥주부's Cooking Tip

☑ 돼지고기 뒷다리살이
퍽퍽해서 싫다면 앞다리살을
사용해도 좋아요.

갈치조림

냉동실에 갈치가 있다면 바로 조림으로 가볼까요?
자작한 국물 한 국자 떠서 밥 위에 올리고 김가루 솔솔 뿌려 먹으면… 군침이 그냥….

*재료

갈치 1마리
양파 ½개
마늘 4~5개
청·홍고추 ½개씩

육수
옥주부진한
멸치국물팩 1개
대파 1개
무 ⅓개
물 800ml

양념
고추장 3숟가락
진간장·미림·매실액·
멸치액젓·고추가루
1숟가락씩
멸치다시다 ½숟가락
미원·간 생강 ⅓숟가락씩

옥주부's Cooking Tip
☑ 육수를 하루 전날
끓였다가 사용하면 국물
맛이 훨씬 시원하고
개운해져요.
☑ 옥주부빨간장을
활용하면 더 감칠맛 나는
매콤한 맛을 낼 수 있어요.
위의 양념 재료를
옥주부빨간장 3숟가락으로
대체하면 됩니다.

*조리방법

1 갈치는 내장을 제거해 깨끗이 씻은 후 먹기 좋은 크기로 토막 낸다.

2 양파는 채 썰고, 마늘은 편 썰고, 고추는 어슷 썬다.

무는 은행잎 모양으로 두툼하게 썬다.

3 분량의 육수 재료를 15~20분 끓인 후 대파와 멸치국물팩은 건져낸다.

4 전골냄비에 육수에서 건져 낸 무를 깔고, 손질한 갈치와 ②의 채소를 올린다.

여기에 육수 500~700ml를 붓는다.

5 분량의 양념 재료를 섞은 후 ④ 위에 얹는다.

6 센 불에서 한소끔 끓인 후 중불에서 졸인다.

황태구이

황태구이를 음식점 맛 그대로 재현한 레시피 공개.
불린 황태에 튀김가루를 묻혀 튀겨 내는 게 핵심이에요.

*재료

황태 2마리
튀김가루·들기름·
참기름 적당량씩
쪽파·통깨 약간씩

양념장
올리고당 4숟가락
고추장 2숟가락
진간장·고춧가루
1숟가락씩
간 마늘 ½숟가락
소고기다시다·
조개다시다 ⅓숟가락씩
미원 ¼숟가락
물 5숟가락

*조리방법

1 황태 머리와 꼬리, 지느러미를 잘라내고 물에 적셔 1~2분 정도 불린 후
키친타월로 물기를 제거하고 튀김가루를 묻힌다.

2 분량의 양념 재료를 고루 섞어 양념장을 만든다.

3 달군 팬에 들기름을 두르고 황태를 앞뒤로 초벌로 굽는다.

4 초벌한 황태에 붓으로 양념장을 고루 바르고, 참기름을 바르며 약불에 굽는다.

5 쪽파는 송송 썰어 통깨와 함께 황태에 뿌린다.

옥주부's Cooking Tip

☑ 황태를 초벌할 때
들기름이 없다면 식용유를
사용하세요.
☑ 황태 머리는 따로
보관했다가 육수 낼 때
사용하면 요긴해요.
시원하고 깔끔한 맛이 나서
어떤 요리와도 잘
어울리거든요.

고등어조림

고추장 대신 고춧가루를 써서 칼칼한 맛이 일품인 고등어조림이에요. 흰 쌀밥에 양념이 골고루 밴 고등어살 한 점과
잘 삶아져 흐물거리는 고구마줄기를 척 올려서~ 크하. 밥도둑이 따로 없습니다.

*재료

고등어 2마리
삶은 고구마줄기
200~300g
양파 ½개
청·홍고추 1개씩
대파 1대

양념장
고춧가루·진간장·미림
3숟가락씩
간 마늘·매실청·설탕
1숟가락씩
소금 ½숟가락
소고기다시다·
조개다시다 ⅓숟가락씩
간 생강·미원
¼숟가락씩
물 250ml

옥주부's Cooking Tip

☑ 고등어조림에는
보통 무나 감자를 넣죠.
그런데 양념이 쫙 밴
고구마줄기랑 같이 먹으면
한 입만 먹고는 못 견딜
거예요. 단. 고구마줄기는
반드시 삶은 것으로
구입하세요. 그래야 정신
건강에 좋아요.

*조리방법

1 손질된 고등어는 가볍게 씻은 후 토막 낸다.

2 고구마줄기는 먹기 좋게 썬다. 양파는 깍둑썰기 하고 고추는 송송 썰고,
대파는 어슷 썬다.

3 분량의 양념 재료를 모두 섞어 양념장을 만든다.

4 넓은 전골냄비에 고구마줄기를 깔고, 고등어를 올린 후
그 위에 ②의 채소를 흩뿌리고 양념장을 부어준다.

5 뚜껑을 덮고 센 불로 끓이다가 끓기 시작하면 중불로 줄여 충분히 졸인다.

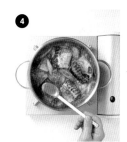

오이냉국

동치미 육수를 베이스로 한 시원한 냉국을 가져왔어요.
오이가 메인이면 오이냉국, 미역이 메인이면 미역냉국. 정말 쉽죠?

*재료

오이 ½개
자른 미역 1숟가락

육수
동치미 육수(CJ) 2봉
사과식초 5숟가락
설탕·연두 2숟가락씩

*조리방법

1 오이는 채 썰고, 미역은 찬물에 불린다.

2 볼에 분량의 육수 재료와 오이, 미역을 넣어 잘 섞는다.

옥주부's Cooking Tip

☑ 깔끔하고 시원한 맛을
원하시면 생수 쓰세요.
생수 500ml 기준으로
재료와 방법은 같아요.

☑ 연두는 흔히 쓰는 액상
조미료인데요, 연두가
없다면 소금으로 간해도
돼요. 단, 감칠맛은 조금
떨어질 거예요.

오징어 도라지무침

명절에 느끼한 음식이 질릴 즈음 한번 만들어보세요.
깔끔, 시원, 새콤의 결정체, 오징어 도라지무침입니다.

*재료

오징어 2마리
도라지 300g
오이·홍고추 1개씩
대파 1대
양파 ½개
미나리 1줌
설탕 4숟가락
소금 1숟가락
식초 2숟가락

양념
사과식초 100ml
설탕 6숟가락
고운 고춧가루 5숟가락
천일염·간 마늘
1숟가락씩
미원 2꼬집
참깨 약간

*조리방법

1 손질된 오징어는 칼집을 낸 후 끓는 물에 1~2분 정도 데쳐

먹기 좋은 크기로 썬다.

2 오이는 어슷 썰고, 양파와 대파는 채 썰고, 홍고추는 씨를 털어내고 채 썬다.

미나리는 2~3cm 길이로 썬다.

3 도라지는 설탕(2숟가락), 소금을 넣고 바락바락 주물러 5분 정도 두었다가

물에 씻어 꼭 짠 다음 볼에 넣고 남은 설탕(2숟가락)과 식초를 넣어 절인다.

4 ③의 볼에 ②의 손질한 채소를 모두 넣고 숨 죽을때 까지 절인 후

손으로 물기를 꼭 짠다.

5 볼에 ④의 모든 재료와 손질한 오징어, 분량의 양념 재료를 한데 넣고

고루 버무린다.

옥주부's Cooking Tip

☑ 오징어와 도라지는
손질된 것으로 구입하세요.
☑ 오징어는 삶기 전에
칼집을 내주시면 더 예쁜
모양이 돼요.

2

3

5

꼬막무침

어릴 때 엄마가 해주시던 바로 그 반찬. 삶은 꼬막으로 꼬막비빔밥까지 해먹고…
이그 말해 뭐해요, 현기증 내지 말고 우리 해 먹읍시다. 까짓것.

*재료

꼬막 1kg
부추 10g
대파 ½대
홍고추 1개
청고추 2개

양념장
물 50ml
간 마늘 2숟가락
고춧가루·진간장
2숟가락씩
참기름 1숟가락
물엿·설탕 1~2숟가락씩
통깨 약간

*조리방법

1 볼에 꼬막과 소금물(물 1L에 굵은 소금 1숟가락)을 담고 검은 비닐로 덮어
3시간 이상 해감한다.

2 부추와 대파, 청·홍고추는 다진다.

3 분량의 양념 재료를 잘 섞어 양념장을 만든다.

4 끓는 물에 해감한 꼬막을 넣고 한 방향으로 계속 돌려가며 꼬막이
입을 벌릴 때까지 삶은 후 건져 바로 찬물에 담근다.

5 ④의 꼬막은 한쪽 껍데기만 떼어낸 후 그릇에 펼쳐 놓는다.

6 티스푼으로 양념장을 떠 꼬막 위에 가지런히 올린다.

옥주부's Cooking Tip

☑ 꼬막은 오래 삶지
말아요. 입 벌렸다 싶으면
바로 건져 찬물에 담가야
식감이 좋아요.
☑ 삶을 때는 꼭 한
방향으로 계속 돌려가면서!
그래야 꼬막살이 잘
떨어지거든요.

닭떡갈비

떡갈비 하면 소고기만 떠올리셨죠?
닭고기로도 '겉바속촉'의 떡갈비를 만들 수 있어요. 신효섭 셰프의 레시피로 우리 함께 즐겨봐요.

*재료

닭다리 2개(각 80g 씩)
닭가슴살 145g
식용유 적당량

양념장
부추 20g
청양고추 1개
대파 20g
마늘 7~8개
생강 5g
진간장 2~3순가락
고춧가루·설탕
1순가락씩

*조리방법

1 닭다리와 닭가슴살 모두 살만 발라내 다진다.

2 분량의 양념 재료를 모두 믹서에 넣고 간다.

3 ①의 다진 닭고기와 ②의 양념을 섞은 후 치댄다.

4 ③을 떡갈비 모양으로 빚은 후

석쇠나 기름을 두른 프라이팬에 노릇하게 굽는다.

**옥주부's Cooking Tip**
☑ 빚은 떡갈비는 굽다가
팬에 물 한 숟가락 넣고
잠시 뚜껑을 닫아 두세요.
수분감이 식감을 업시켜
주거든요.

PART 2

끓이기 쉬운
국과 찌개 19

국물 요리, 다들 어려워하시죠?
내 사람들도 간 맞추기가 어렵다고들 해요.
제가 누굽니까? 옥주부가 알려드리는 국물 요리 비법들을
아낌없이 풀어드릴게요. 요리, 어렵게 하지 말자고요 우리.
이 파트도 저만 믿고 따라오세요 쭉~.

MENU

청국장찌개	소고기 미역국	콩나물국	대패삼겹살 고추장찌개
부대찌개	소고기 뭇국	콩나물 김치국	오징어 두부찌개
갈비탕	바지락 된장찌개	냉이 된장찌개	감자탕
순두부찌개	바지락 냉이탕	매생이 굴국	황탯국
육개장	오징어 뭇국	부추 달걀국	

청국장찌개

집에서 띄운 청국장이 최고지만, 급 청국장이 당기는 날이면 그게 어디 쉬운가요?
대기업 맛을 더한 청국장찌개로 급한 불을 끄자고요.

*재료

시판 청국장 200g
시판 재래식청국장 100g
물 1L
옥주부진한
멸치국물팩 1개
신김치 50g
청양고추 2개
홍고추 ½개
표고버섯 1개
두부 ½모

*조리방법

1 냄비에 물을 붓고 멸치국물팩을 넣어 한소끔 끓인다.

2 신김치는 소를 털어내고 송송 썬다.

송송 썬 것 기준으로 2~3숟가락 분량이면 된다.

3 고추는 각각 어슷 썰고, 표고버섯은 편 썬다. 두부는 먹기 좋게 썬다.

4 ①의 육수에 송송 썬 김치를 넣어 끓이다 두 가지 청국장을 넣고 잘 풀어 준다.

5 ④에 나머지 재료를 넣고 한 번 더 끓인다.

옥주부's Cooking Tip

☑ 제가 선택한 대기업의
맛은 CJ 다담청국장입니다.
☑ 좀 더 깊고 구수한 찌개
맛을 원한다면 집된장이나
직접 띄운 청국장을 섞어서
끓여 보세요.

❶

❷·❸

❺

부대찌개

휴일에는 대~중 끓여도 맛있는 부대찌개로 가시죠.
멸치육수에 빨간 비법 소스를 넣고 소시지 퐁당, 갖은 재료를 퐁당퐁당 넣고 끓이면 그 맛이 끝내줍니다.

*재료

모듬 소시지 400g
스팸 1캔
대파 1~2대
청양고추 2개
홍고추 1개
양파 ½개
표고버섯 2개
체다치즈 1장
멸치육수 또는 물 800ml
김치 50g
각종 사리(당면, 라면,
떡, 만두 등) 적당량

양념장
고추장 1½숟가락
굴소스·고춧가루
1숟가락씩
간 마늘·소고기다시다
½숟가락씩
미원 ⅓숟가락

옥주부's Cooking Tip
☑ 라면 사리를 넣을 때는
따로 삶아서 넣으세요.
같이 끓이면 라면이 육수를
전부 흡수해서 국물이 짜고,
부족해져요.

*조리방법

1 분량의 양념장 재료를 고루 섞는다.

2 소시지와 스팸은 먹기 좋은 크기로 썰고, 대파와 고추는 송송 썬다.

3 양파는 깍둑썰기 하고, 김치는 송송 썬다. 표고버섯은 편 썬다.

4 냄비에 ②③의 손질한 모든 재료를 가지런히 둘러 담는다.
멸치육수 또는 물을 붓고, ①의 양념장을 올려 끓인다.

5 끓기 시작하면 약 7분 정도 더 끓여 먹다가 체다치즈와 원하는 사리를 넣어
한 번 더 끓여 먹는다.

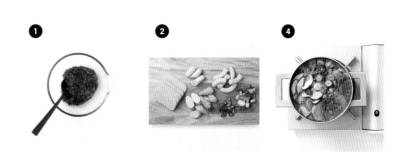

❶   ❷   ❹

갈비탕

찬바람 부는 겨울에는 뜨끈한 국물이 생각나죠?
갈비탕 한 그릇에 언 몸도 마음도 따뜻하게 녹아 내리길 바라며…

*재료

소갈비 1.2kg
양파 1개
대파 2대
통마늘 10~15개
물 5L(1.5L + 3.5L)

양념
국간장 4순가락
소고기다시다 2순가락
간 마늘 1순가락
후촛가루 ½순가락

*조리방법

1 갈비는 찬물에 20~30분 정도 담가 핏물을 뺀다. 대파는 1대만 송송 썬다.

2 냄비에 물 1.5L와 ①의 갈비를 넣고 센 불에서 10분간 끓인 후 갈비만 건진다.

3 다시 냄비에 물 3.5L와 ②의 갈비, 큼직하게 썬 양파, 나머지 대파 1대,

통마늘을 넣고 센 불에서 1시간 정도 끓인다. 이때 중간중간 거품을 걷어낸다.

4 갈비를 제외한 나머지 재료는 체로 건져 내고, 분량의 양념 재료를 넣어

5분간 더 끓인 후 그릇에 담아 송송 썬 대파를 올린다.

옥주부's Cooking Tip

☑ 정육점에 가서 갈비탕용 고기 두 근을 주문하세요.
☑ 당면, 대추, 은행, 인삼 뿌리 등은 취향에 따라 선택하세요. 하지만 대파는 송송 썰어서 꼭 같이 드세요. 풍미가 훨씬 좋아요.
☑ 남은 국물은 버리지 말고 미역국 끓일 때 육수로 사용하면 진한 국물맛이 일품이에요.
☑ 당면은 살짝 삶아 넣어야 쫀쫀한 식감이 더 살아요. 단, 삶을 때 끓는 물에 잠깐 넣었다 빼야 해요.

순두부찌개

아는 맛이 제일 무섭죠?
상상하셨던, 딱 그 맛의 순두부찌개 대령입니다.

*재료

순두부 1~2봉지
양파 ½개
대파 1대
청양고추 2개
표고버섯 1개
호박 ¼개
바지락 8~10개
새우 2마리
달걀 2개
식용유 또는
고추기름 적당량
물 1L

양념장(10인분 기준)
고춧가루 10숟가락
국간장 또는 진간장
2숟가락
굴소스 4숟가락
소고기다시다·
조개다시다·미원
½숟가락씩
소금 2숟가락
간 마늘 2~3숟가락
미림 50ml
고추기름 100ml

옥주부's Cooking Tip
☑ 순두부 양념장은 하루
전에 만들어 냉장실에서
숙성시키면 맛이 더 좋아요.
냉장실에서 10일 정도 보관
가능해요.

*조리방법

1 양파는 깍둑썰기 하고, 대파와 청양고추는 송송 썬다.

표고버섯은 잘게 다지듯 썰고, 호박은 반달로 썬다.

2 바지락은 해감하고, 새우는 머리와 다리를 손질하여 준비한다.

3 팬에 식용유나 고추기름을 적당히 두르고 ①의 재료를 볶다가 양파가

투명해지면 ②의 바지락과 새우를 넣고 1분간 더 볶는다.

4 분량의 양념 재료를 고루 섞어 양념장을 만든다.

5 냄비나 뚝배기에 분량의 물과 양념장 2숟가락을 넣고 한소끔 끓이다가

③의 재료와 순두부를 넣고 약 4분간 바글바글 끓인다.

6 먹기 직전에 달걀을 올린다.

❶

❷

❸

육개장

육개장은 워낙 과정이 복잡스러워서 어지간하면 사 드시라고 말하거든요. 그래도 꼭 해 드시고 싶다면?
최대한 간단하게 만들 수 있는 방법으로 소개해드릴게요. 가득 만들어 소분해 두었다가 두고두고 드세요.

*재료

숙주·삶은 고사리·
삶은 토란대 200g씩
대파 2대
홍고추 ½개
미원 ¼숟가락

육수
소고기(사태) 600g
물 4L

고추기름
고춧가루·식용유
1½숟가락씩

밑간
고춧가루·
소고기다시다 ½숟가락씩
간 마늘 1숟가락

*조리방법

1 냄비에 분량의 육수 재료를 넣고 30~40분간 푹 끓인다.

고기는 식힌 후 손으로 찢고 육수는 따로 둔다.

2 숙주는 끓는 물에 1분간 데치고, 고사리와 토란은 삶은 것으로 준비한다.

대파는 10cm 길이로 썰고 홍고추는 다진다.

3 팬에 분량의 고추기름 재료를 넣고 센 불에서 빠르게 볶아 체로 기름만 거른다.

4 큰 냄비에 ①의 육수와 ③의 고추기름을 넣고 끓인다.

5 볼에 ②의 채소를 넣고 분량의 밑간 재료로 조물조물 무친다.

6 ⑤의 밑간한 재료와 고기를 ④에 넣고 20분 정도 끓인다.

7 마지막에 미원을 넣고 한 번 저은 후 불에서 내린다.

옥주부's Cooking Tip
☑ 고사리와 토란대는 삶은
걸로 구입해서 쓰세요.
☑ 육개장은 한 번에
많은 양을 만들어서
한 그릇 분량씩 냉동실에
보관했다 녹여 드세요.
훨씬 간편하고 좋아요.

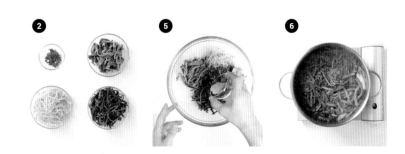

소고기 미역국

왜 식당 미역국은 유독 맛있을까요?
진하고 감칠맛 나는 식당 미역국의 비밀을 풀어봅시다.

*재료

소고기
(사태 또는 양지) 200g
물 2L
자른 미역 20g
통마늘 5개
국간장 2순가락
들기름 1순가락
소고기다시 ½순가락
꽃소금 약간
미원 ⅛순가락

*조리방법

1 소고기는 먹기 좋은 크기로 썬다. 자른 미역은 찬물에 담가 불린다.

2 중불로 3분간 예열한 스테인리스 냄비에 들기름을 두른 후

손질한 소고기를 넣고 가볍게 볶는다.

3 ②에 국간장과 통마늘을 넣고 30초 정도 더 볶다가 물과 불린 미역을 넣고

소고기다시를 넣어 팔팔 끓인다.

4 꽃소금으로 간을 맞춘 후 미원을 넣어 마무리한다.

옥주부's Cooking Tip

☑ 스테인리스 냄비는
반드시 예열을 해야 해요.
그렇지 않으면 재료가
냄비에 눌어붙거든요.

☑ 쉽고 빠르게
깊은 맛을 낼 수 있는
비밀은? 바로 미량의 미원과
소고기다시예요. 조금만
넣어도 풍미가 확 살거든요.

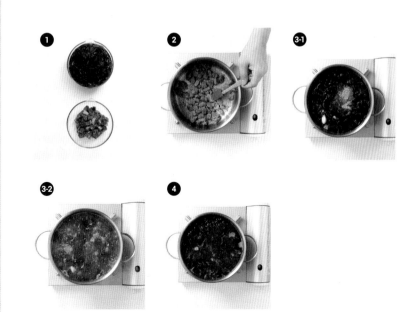

소고기 뭇국

구수한 소고기뭇국 포인트는 멸치육수를 더한다는 것.
혼종 특집이냐고요? 일단 드셔봐요~. 감칠맛이 어마어마해요.

*재료

소고기
(사태 또는 양지) 120g
무 ¼~⅓개
대파 ½대
물 1L
옥주부진한
멸치국물팩 1개

양념
국간장 2숟가락
참기름 1숟가락
간 마늘 ½숟가락
소고기다시다 ⅓숟가락
미원 ⅓숟가락
소금·후춧가루 약간씩

*조리방법

1 냄비에 물과 멸치국물팩을 넣고 7분 정도 끓인 후 팩은 건져낸다.

2 소고기는 찬물에 20분 정도 담가 핏기를 빼고 먹기 좋게 썬다.

대파는 어슷 썰고 무는 나박 썬다.

3 냄비에 참기름을 두르고 소고기와 무를 넣어 무가 투명해질 때까지 볶는다.

4 ③에 ①의 육수를 붓고 간 마늘과 국간장을 넣어 10분 정도 끓인다.

5 마지막으로 소고기다시다와 미원으로 1차 간을 하고

부족한 간은 소금과 후춧가루로 맞춘 후 2분 정도 더 끓인다.

옥주부's Cooking Tip

☑ 소고기 뭇국에 보통 소고기를 끓인 육수만 사용하는데, 멸치육수를 더 하면 감칠맛이 끝내줘요.

☑ 육수를 낼 때 국물팩과 함께 대파와 양파를 조금씩 넣어 끓여보세요. 맛이 더 깊어져요.

바지락 된장찌개

이보다 더 완벽한 된장찌개 레시피는 없다.
바지락 대신 차돌박이나 해물을 넣어도 맛있어요.

*재료

바지락 10개
알배추잎 4장
애호박 ½개
팽이버섯 1봉지
청양고추 1개
물 800ml
옥주부진한
멸치국물팩 1개

양념
된장 3숟가락
고추장·소고기다시다·
조개다시다·설탕
⅓숟가락씩
미원 ½숟가락
간 마늘 ½숟가락

*조리방법

1 냄비에 물과 멸치국물팩을 넣고 7분 정도 끓인 후 팩은 건져낸다.

2 알배추는 한 입 크기로 썰고, 애호박은 반달 썬다.

팽이버섯은 끝 부분만 자르고, 청양고추는 송송 썬다.

3 ①의 육수에 손질한 ②의 재료와 바지락, 양념 재료 중 된장, 고추장, 간 마늘을

넣고 7~8분 정도 끓인다.

4 나머지 양념 재료인 다시다와 설탕, 미원으로 간을 맞추고 2분만 더 끓인다.

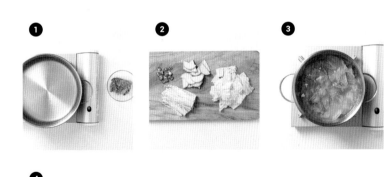

옥주부's Cooking Tip

☑ 시판 된장이 아닌
집된장일 경우 집집마다
염도가 다르기 때문에
간을 봐서 양념 양을
가감해주세요.

바지락 냉이탕

손질된 냉이와 해감한 바지락만 있다면 10분 컷 요리.
내 사람들을 위한 신효섭 셰프의 레시피로 오늘 저녁 고?

*재료

바지락 600g
물 600ml
냉이 80g
청·홍고추 ½개씩

양념
연두(청양초) ½숟가락
조개다시 ⅓숟가락

*조리방법

1 냄비에 바지락과 물을 넣고 끓이다가 거품이 많이 올라오면 불을 끈다.

바지락은 따로 건지고, 국물은 체에 거른다.

2 손질한 냉이는 먹기 좋게 썰고, 고추는 어슷 썬다.

3 ①의 국물에 분량의 양념 재료와 냉이를 넣고 한소끔 끓인다.

4 ①의 바지락을 넣고 고추를 고명으로 올린다.

옥주부's Cooking Tip

☑ 바지락은 반드시
해감된 걸 사용하세요.
그래야만 10분 컷 요리가
완성된답니다.

오징어 뭇국

감칠맛의 상징인 오징어와 시원한 무의 만남,
고춧가루 없이 맑은 국물 한 술이면 으어어어, 맛있습니다.

*재료

오징어 2마리
무 ½개
콩나물 200g
대파 1대
물 2L

양념
국간장 2숟가락
간 마늘·멸치다시다
½숟가락씩
조개다시다 ⅓숟가락
미원 2꼬집

*조리방법

1 손질된 오징어는 칼집을 넣은 후 먹기 좋은 크기로 썬다.

2 무는 나박 썰고 대파는 어슷 썬다. 콩나물은 흐르는 물에 가볍게 씻는다.

3 냄비에 물과 무를 넣고 한소끔 끓인 후 분량의 양념 재료를 넣어 끓인다.

4 오징어와 콩나물을 넣고 6분간 더 끓인다.

대파를 넣고 한 번 더 끓여 마무리한다.

옥주부's Cooking Tip

☑ 오징어는 손질된 걸
구입하는 것이 정신 건강에
좋아요.
☑ 기호에 따라서
고춧가루를 넣어도 맛있어요.

❶

❸

❹

콩나물국

쌀쌀한 날이면 더 당기는 뜨끈하고 칼칼한 콩나물국.
진심 쉬워요. 걱정 말고 따라오라고요.

*재료

콩나물 300g
대파 1대
청양고추 1~2개
홍고추 ½개
물 1.6L
옥주부진한
멸치국물팩 1개

양념
국간장 1~2숟가락
간 마늘 1숟가락
멸치액젓 ½숟가락
소금·후춧가루·미원
약간씩

*조리방법

1 콩나물은 깨끗이 씻고, 대파는 어슷 썰고, 고추는 송송 썬다.

2 냄비에 물과 멸치국물팩, 국간장, 간 마늘, 멸치액젓을 넣고
팔팔 끓인 후 팩은 건진다.

3 ②의 육수에 콩나물, 대파, 고추를 넣고 7분간 끓인다.

4 취향대로 소금과 후춧가루, 미원으로 간한다.

옥주부's Cooking Tip

☑ 하루 전날 끓여 놓을
경우, ③번 과정에서 5분만
끓인 후 건더기와 국물을
따로 보관하세요.
다음 날 아침 합쳐서 데워
먹으면 식감과 국물 맛,
다 놓치지 않을 거예요.

1

3-1

3-2

콩나물 김치국

과음하고 해장이 필요할 때, 콩나물 김치국만 한 게 없어요.
고춧가루 팍팍 풀어 칼칼하게 먹으면 쓰린 속이 사르르~ 감기 기운 있을 때 먹으면 감기도 뚝 떨어지지요.

*재료

콩나물 200g
김치 100g
양파 ⅓개
대파 ½대
들기름 1숟가락
물 1L
옥주부진한
멸치국물팩 1개
멸치다시다·
조개다시다 ⅓숟가락씩
미원 ⅓숟가락
소금 약간

*조리방법

1 냄비에 물과 멸치국물팩을 넣고 10분 정도 끓인 후 팩은 건져낸다.

2 김치는 먹기 좋게 썰고, 양파는 채 썬다. 대파는 어슷 썰고,

콩나물은 깨끗이 씻는다.

3 ②의 김치를 들기름에 달달 볶는다.

4 ①의 육수에 볶은 김치와 콩나물, 양파, 대파를 넣고 10분 정도 끓인다.

5 다시다와 미원, 소금으로 간한 후 2분간 더 끓인다.

옥주부's Cooking Tip

☑ 콩나물을 끓일 때 뚜껑을 열어야 할지 닫아야 할지 고민이시죠? 열어놓고 끓일 때는 끝까지 열고요, 닫고 끓일 때는 끝까지 닫으면 돼요.

냉이 된장찌개

봄이면 냉이를 먹어야지요.
냉이 향이 곧 봄내음 아니겠어요?

*재료

냉이 100g
느타리버섯 100g
두부 150g
청양·홍고추 ½개씩
무 4~5조각
물 800ml
옥주부진한
멸치국물팩 1개
된장 1숟가락
간 마늘 ½숟가락
고추장·소고기다시다·
조개다시다·설탕
⅓숟가락씩
미원 ½숟가락

*조리방법

1 냄비에 물과 멸치국물팩, 무를 넣고 7분 정도 끓인 후 팩과 무는 건져 낸다.

2 냉이는 뿌리 쪽 질긴 부분을 자르고, 칼로 흙을 대충 훑어낸다.

흐르는 물에 깨끗이 씻어 먹기 좋은 크기로 썬다. 느타리버섯은 결대로 찢고,

두부는 한 입 크기로 네모나게 썰고, 고추는 어슷 썬다.

3 ①의 육수에 된장, 고추장, 간 마늘을 넣고,

끓어오르면 ②의 느타리버섯, 두부, 고추를 넣고 5분간 더 끓인다.

4 ③에 냉이와 소고기다시다, 조개다시다, 설탕, 미원을 넣고 1분 더 끓인다.

옥주부's Cooking Tip

☑ 냉이의 향과 맛을
제대로 느끼려면
데친다는 느낌으로 잠깐
끓여내야 해요. 조미료도
마찬가지예요. 조미료는
불 끄기 1분 전에 넣기!

☑ 육수에서 무는 생략
가능해요. 육수는 집에 있는
재료로만 끓이세요.

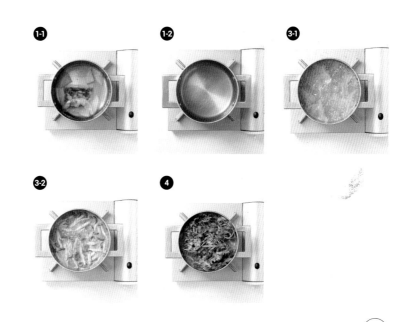

매생이 굴국

멸치육수를 베이스로 한, 진한 국물이 일품인 매생이 굴국이에요. 무까지 더해 시원한 맛 추가.
환상적인 국물 맛을 자랑한답니다. 아주 목에서 위까지 국물이 시원하게 싸악~ 생각만으로도 맛있겠죠?

*재료

매생이 200g
굴 180g
무 100g
물 2L
옥주부진한
멸치국물팩 1개
대파 1대
양파 ½개
두부 ½모
통마늘 4~5개
맛술 적당량
국간장 3숟가락
멸치다시다·
소고기다시다
⅓숟가락씩
미원 2꼬집
소금 약간

*조리방법

1 냄비에 물과 멸치국물팩을 넣고 10분 정도 끓인 후 팩은 건져낸다.

2 매생이는 흐르는 물에 씻은 후 채반에 밭쳐 이물질을 제거한다.

굴은 소금물에 2~3번 씻은 후 맛술에 재어둔다.

3 무는 나박 썰고, 대파는 어슷 썰고, 양파는 채 썬다.

두부는 먹기 좋은 크기로 썬다.

4 ①의 육수에 국간장, 통마늘, 무와 대파, 양파를 넣고 5~7분 정도 끓인다.

5 ④에 손질한 매생이를 넣고 한소끔 끓인 후 굴과 두부, 멸치다시,

소고기다시, 미원을 넣고 2분간 더 끓인다.

옥주부's Cooking Tip

☑ 매생이는 세척 후
나무 도마 위에 쭉
펼쳐 놓고 이물질이 있는지
확인하는 게 좋아요.
☑ 매생이를 구입할 때는
한 재기 단위로! 건조된
것보다는 냉동된 것을
추천합니다.

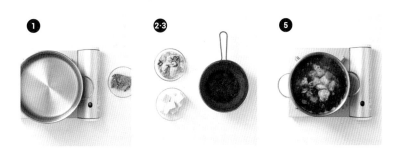

❶ ❷·❸ ❺

부추 달걀국

국 끓일 재료가 마땅치 않을 때, 10분 안에 후다닥 국 하나 끓여야 할 때 부추 달걀국을 끓여 보세요.
남녀노소 누구나 모두 만족할 거예요. 부추가 없으면 대파나 쪽파를 넣어도 되니 있는 재료로 하자고요.

*재료

부추 20g
달걀 3개
물 600ml
조개다시다·
소고기다시다
⅓숟가락씩
맛소금 약간

*조리방법

1 부추는 1cm 길이로 썰고, 달걀은 잘 풀어준다.

2 냄비에 물을 넣고 끓이다가 조개다시다와 소고기다시다를 넣고
①의 부추를 넣는다.

3 ②에 ①의 풀어 놓은 달걀을 조금씩 부어가며 넘치지 않게 끓이다
맛소금으로 간한다.

옥주부's Cooking Tip

☑ 감칠맛을 원한다면
생수 대신 멸치육수를
사용해 보세요.
옥주부진한멸치육수팩으로
육수를 내 사용하면 훨씬
깊은 맛을 느낄 수 있어요.

대패삼겹살 고추장찌개

감자를 넣어 꾸덕꾸덕한 느낌의 국물이 그야말로 엄지 척.
한 숟가락 뜨자마자 '카아' 소리가 절로 날 거예요. 소주는… 옵션이에요. 흠흠.

*재료

대패삼겹살 300g
감자 1개
양파 ½개
두부 1모
청양고추 3개
고춧가루 3숟가락
물 1.2L
옥주부진한
멸치국물팩 1개

양념
고추장 4숟가락
간 마늘 ½숟가락
멸치다시다·
소고기다시다
⅓숟가락씩
미원 2꼬집

옥주부's Cooking Tip
☑ 걸쭉한 국물 농도가
싫으면 감자는 빼도 좋아요.
두부도 취향껏 넣어주세요.

*조리방법

1 냄비에 물과 멸치국물팩을 넣고 10분 정도 끓인 후 팩은 건져낸다.

2 감자와 양파는 깍둑썰기 하고, 청양고추는 송송 썰고,

두부는 먹기 좋은 크기로 썬다.

3 달궈진 웍에 대패삼겹살을 올려 볶는다.

돼지기름이 나오기 시작하면 고춧가루를 넣고 계속 볶는다.

4 적당히 볶아지면 ③에 ①의 육수를 넣은 후 ②의 채소와 두부,

분량의 양념 재료를 넣고 한소끔 끓인다.

오징어 두부찌개

저녁 메뉴로 찰떡인 찌개예요. 꾸덕꾸덕한 고추장찌개 베이스에 오징어가 안나 그야말로 감칠맛 폭발. 막 끓여도 이건 각 나온다니까요. 바로 소주각.

*재료

오징어 1마리
두부 1모
감자·표고버섯 1개씩
양파·청양고추 ½개씩
대파 ¾대
고춧가루 1숟가락
식용유 적당량

양념
고추장 4숟가락
국간장 1숟가락
간 마늘 ½숟가락
소고기다시다·
멸치다시다·
미원 ⅓숟가락씩
물 1L

*조리방법

1 손질된 오징어는 깨끗이 씻어 먹기 좋은 크기로 썬다. 두부도 먹기 좋게 썬다.

2 감자와 양파는 깍둑썰기 하고, 대파는 어슷 썰고, 청양고추는 송송 썰고,

표고버섯은 편 썬다.

3 웍에 식용유를 두른 후 고춧가루를 넣어 중불로 볶는다.

4 ③에 양파를 넣어 볶다가 양파가 투명해지면 분량의 양념 재료와

감자를 넣고 10분간 끓인다.

5 ④에 ①의 오징어와 두부, ②의 대파, 청양고추, 표고버섯을 넣고 2분 더 끓인다.

옥주부's Cooking Tip
☑ 찌개에 들어가는
두부는 팬에 한 번 부친 후
넣어도 좋아요.

❶  ❹  ❺

감자탕

배민에 지친 내 사람들을 위한 레시피. 그야말로 가성비 짱 요리, 감자탕이에요.
뭔가 얼큰하고 진한 고기국물이 당기는 그날, 한번 끓여보세요. 눈물 흘리며 드실 수 있을 거예요.

*재료

돼지 등뼈 2kg
말린 시래기 500g
물 3L
간 생강 1숟가락
대파 6대
(육수용 5대, 고명용 1대)

양념
매운 고춧가루·
일반 고춧가루
5숟가락씩
간 마늘·꽃소금
1숟가락씩
옥분이된장찌개분말 2봉
(재래된장 2숟가락,
미원 ½숟가락,
소고기다시다·
조개다시다 1숟가락씩)
후춧가루 ½숟가락

*조리방법

1 등뼈는 찬물에 30분 동안 담가 핏물을 제거한 후 깨끗하게 씻는다.

시래기는 물에 담가 불리고 고명용 대파는 송송 썬다.

2 깊고 큰 냄비에 ①의 등뼈와 물, 대파(육수용), 간 생강을 넣고

1시간 정도 끓인다.

3 ②를 채망에 걸러 육수만 깔끔하게 거른다.

4 전골 냄비에 ③의 육수를 붓고 분량의 양념 재료를 모두 넣어 잘 섞는다.

5 ④에 ①의 불린 시래기를 넣고 한소끔 끓이다 ③에 건져 놓은 등뼈와

송송 썬 대파를 올려 낸다.

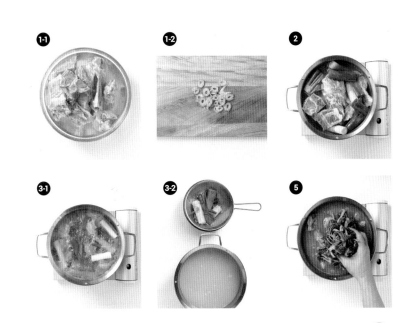

옥주부's Cooking Tip
☑ 깻잎, 청양고추, 들깻가루
등 취향껏, 냉장고가
허락하는 만큼 재료를
추가해도 좋아요.

황탯국

속 푸는 데는 황탯국만 한 것이 없어요. 입 깔깔한 아침 국으로도 안성맞춤.
내일 아침 국은 황태국이 어떨까요?

*재료

황태채 30~50g
무 ⅓개
대파 1½대
(육수용 1대,
고명용 ½대)
두부 ½모
청·홍고추 ½개씩
물 1.5L
들기름 1숟가락
소금·후춧가루 약간씩

양념
간 마늘·국간장
1숟가락씩
조개다시다·
멸치다시다 ½숟가락씩
소금 약간

*조리방법

1 황태채는 찬물에 10분 정도 담가 불린 후 물기를 꼭 짠다.

2 두부는 한 입 크기로 네모나게 썰고 무는 나박 썬다.

대파는 육수용은 4등분하고, 고명용은 어슷 썬다. 고추도 어슷 썬다.

3 달군 냄비에 들기름을 두르고 약불에서 ①의 황태채와 ②의 무를 볶는다.

물 500ml를 넣고 강불에서 육수용 대파를 넣은 후 뚜껑을 덮고 끓인다.

4 국물이 끓어오르면 분량의 양념 재료와 나머지 물 1L를 넣은 후 7~8분 끓인다.

5 ④에 ②의 두부와 고추를 넣고, 소금과 후춧가루로 간한 후 중불에서 한소끔

끓여 고명용 대파를 올려 낸다.

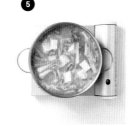

옥주부's Cooking Tip

☑ 황탯국의 다시다는 꼭
멸치다시다와 조개다시다를
쓰셔야 해요. 소고기다시다는
쓰시면 안 돼요.

PART 3

입맛 없는 날
별미 요리 21

365일 비슷한 반찬만 먹을 수는 없잖아요.
외식 메뉴도 따라 해 보고,
입맛 돋우는 메뉴도 만들어 보자고요.
가끔씩 주는 밥상의 변화는 가족의 무드를 바꿔줄 수 있는
최고의 방법이기도 해요.
어렵지 않냐고요? 저 옥주부잖아요.
별미 요리도 제 스타일대로 쉽고 맛깔나게 소개할게요.

MENU

밥

부타동
깍두기볶음밥
아보카도 명란비빔밥
콩나물밥
소고기 우엉채밥
망고밥
파인애플볶음밥

면

잔치국수
바지락칼국수
들깨수제비
골뱅이소면
비빔국수
대패삼겹살 비빔우동
삼겹살 짜장면

주말 별식

도토리묵무침
해물파전
간장 냉삼
닭강정 소스
주꾸미 삼겹살볶음
주꾸미볶음
대패삼겹볶음

부타동

내 사랑들~ 오늘 저녁으로 옥주부식 부타동, 어떠세요? 바싹 구운 돼지고기를 간장소스에 졸여 밥 위에
얹어먹는 요리예요. 제 식대로 고춧가루를 넣었는데, 매운 음식 정말 못 먹는 우리 아이도 한 그릇 순삭한답니다.

*재료

삼겹살 400~500g
밥 4~5공기
달걀노른자 4~5개
쪽파 또는 대파·
초생강·통깨 약간씩

소스

진간장·멸치액젓·
설탕·참기름·물엿
3숟가락씩
고춧가루·간 마늘
1숟가락씩
미원·혼다시
½숟가락씩
생수 50ml

*조리방법

1 분량의 소스 재료를 한데 넣고 잘 섞는다.

2 쪽파(또는 대파)는 송송 썬다.

3 팬에 삼겹살을 굽다가 가위로 먹기 좋은 크기로 자른 후

①의 소스를 붓고 저어가며 졸인다.

4 그릇에 밥과 ③의 돼지고기를 켜켜이 쌓은 후 달걀노른자와 ②의 쪽파,

초생강, 통깨를 취향껏 올린다.

옥주부's Cooking Tip

☑ 돼지고기를 구울 때
나오는 기름은 절대 버리면
안 돼요. 소스와 함께 볶아야
풍미가 확 산답니다.
☑ 혼다시가 없다면
소스 재료 중 간장
한 숟가락을 빼고 대신
쯔유를 한 숟가락 넣으세요.

2

3

4

깍두기볶음밥

쉬어빠진 깍두기와 돼지고기든, 소고기 국거리든, 고기 한 줌만 있으면 돼요.
대도식당 스타일로 혀끝의 잃어버린 미각을 찾아드리겠습니다.

*재료

밥 2공기
돼지고기 삼겹살(또는
소고기 등심) 300g
대파 2~3대
깍두기 2~3국자
깍두기 국물 100ml
고추장 1숟가락
참기름 ⅓숟가락
통깨 약간
달걀 2개

양념
설탕 ⅓숟가락
소고기다시다 ⅙숟가락
미원 ⅛숟가락
물 90ml

*조리방법

1 삼겹살과 깍두기는 잘게 다진다. 대파는 송송 썬다.

2 팬에 다진 삼겹살을 볶다가 기름이 나오면 ①의 대파를 넣고 파기름을 낸다.

3 ②에 다진 깍두기와 깍두기 국물, 분량의 양념 재료를 넣고 고루 섞은 후

뚜껑을 닫아 깍두기가 말캉해질 때까지 6~7분간 둔다.

4 ③에 밥과 고추장을 넣고 비비듯 볶다가 참기름과 통깨를 뿌린다.

5 취향에 따라 달걀프라이를 곁들인다.

옥주부's Cooking Tip

☑ 깍두기를 말캉하게
익히려면 반드시 뚜껑을 닫고
끓여야 해요. 물이 부족하면
탈 수 있으니 보면서 물을
첨가하면 돼요.

아보카도 명란비빔밥

아보카도는 어떻게 먹어도 참 맛있죠? 저는 따뜻한 흰 쌀밥 위에 아보카도랑 명란을 올려
간장, 고추냉이를 섞어 먹는 걸 가장 좋아해요. 아 생각만 해도 군침이….

콩나물밥

간장게장만 밥도둑이 아니에요. 달래간장으로 비빈 콩나물밥도 완전 밥도둑. 달래간장은 무조건.
알려드리는 레시피 분량에 곱하기 2 해서 2배 만들어 두세요. 그냥 흰밥에 비벼 먹어도 핵꿀맛이에요.

*재료

콩나물 550g
소금 ½숟가락
물 600~700ml
쌀 400g
들기름 1숟가락
김가루·참기름 적당량씩

달래간장
달래 100g
쪽파 50g
청양고추 1개
홍고추 ½개
진간장 6숟가락
고춧가루 2숟가락
요리당(또는 올리고당)·
멸치액젓·통깨
1숟가락씩
간 마늘 ½숟가락
설탕 ⅓숟가락
미원 1꼬집

옥주부's Cooking Tip

☑ 참기름은 달래간장을
넣고 밥을 비빈 후 먹기
직전에 넣으세요. 고소한
풍미를 더해주거든요.

*조리방법

1 냄비에 콩나물, 소금, 들기름, 물을 넣어 뚜껑 닫은 상태로 6분간 삶는다.

2 쌀은 씻은 후 ①의 콩나물 삶은 물 100ml와 물 300ml를 섞어 밥을 짓는다.

3 달래와 쪽파, 고추는 모두 다진 후 나머지 달래간장 재료와 고루 섞는다.

4 ②의 밥을 그릇에 담고, ①의 삶은 콩나물과 김가루를 올린 후
달래간장을 곁들인다.

5 ④를 잘 비빈 후 먹기 직전에 취향대로 참기름을 넣는다.

소고기 우엉채밥

우엉의 새로운 발견~ 진짜 밥도둑 소고기 우엉채밥을 소개합니다.
김이랑 먹어도 좋고 김치 하나만 있어도 너무 맛있어요.

*재료

우엉채 100g
다진 소고기 80g
쌀 200g

양념
물 8숟가락
진간장·미림 4숟가락씩
설탕 1숟가락
미원 1꼬집
후춧가루 약간
참기름 1숟가락

*조리방법

1 우엉채는 씻은 후 물기를 꼭 짜서 4~5cm 길이로 썬다. 쌀은 물에 불린다.

2 분량의 양념 재료에서 참기름과 후춧가루를 뺀 나머지 재료를 잘 섞는다.

3 ②의 양념에 ①의 우엉채를 넣고 중불에서 3분 정도 끓인 후 우엉채만 따로 꺼낸다.

4 ③의 양념에 다진 소고기를 넣고 센 불에서 볶은 후 참기름과 후춧가루를 넣어 소스를 만든다.

5 불린 쌀에 ③의 데친 우엉채를 넣고 밥을 한 후 ④의 소고기 소스를 곁들인다.

❶  ❷  ❹

❺

옥주부's Cooking Tip
☑ 채칼로 우엉의 껍질을 벗겨낼 때는… 음… 우리 정신 건강을 위해 우엉채는 마트에서 사기로 해요.
☑ 밥을 할 때 물 양은 일반 밥 할 때와 같아요. 특별히 줄이거나 늘리지 말아주세요.

망고밥

오늘은 태국으로 가볼까요? 태국 길거리 음식인데요, 태국 여행 중 재래시장에서 정말 맛있게 먹었거든요.
찹쌀로 지은 밥을 단물에 적셔 망고와 함께 먹는 달달이 밥. 밥 같기도 하고 간식 같기도 하고, 정말 맛있어요.

*재료

망고 2개
찹쌀 200g

단물
코코넛밀크 200ml
연유 100ml
소금 약간

*조리방법

1 냄비에 분량의 단물 재료를 넣고 끓인 후 식힌다.

찹쌀은 물에 불려 밥을 짓는다.

2 ①의 찹쌀밥에 ①의 단물을 반만 넣고 조물조물 섞어 밥에 흡수시킨다.

3 접시에 밥과 망고를 함께 곁들인다.

옥주부's Cooking Tip

☑ 망고밥은 냉장고에 넣어두었다가 차게 먹으면 더 맛있어요. 디저트로도, 한 끼 식사로도 좋아요.

☑ 단물은 한 번에 넉넉히 만들어 나눠 쓰면 편리해요.

1-1  **1-2**  **2**

파인애플볶음밥

동남아 여행 기분 뿜뿜하게 할 파인애플볶음밥이에요.
맛도 좋지만 비주얼도 예뻐서 만들고 나면 자꾸 사진 찍고 싶어져요.

*재료

파인애플 120g
밥 2공기
달걀 3개
대파 ⅓대
쪽파 1대
양파 ½개
새우 3~5마리
진간장 1숟가락
피시소스 ½숟가락
조개다시다 4꼬집
맛소금 ½숟가락
식용유 적당량

*조리방법

1 파인애플은 깍둑썰기 하고, 대파와 쪽파, 양파는 송송 썬다.

2 팬에 기름을 넉넉히 두르고 ①의 대파를 넣고 볶아 파기름을 낸다.

파기름이 어느정도 나오면 양파를 넣어 투명해질 때까지 볶는다.

3 체에 ②를 부어 기름만 걸러낸다. 이 기름에 달걀프라이(완숙)를 한다.

4 ③의 달걀프라이 위에 밥을 넣고 진간장, 피시소스를 넣은 후

달걀을 잘게 으깨며 볶다가 새우와 파인애플을 넣고 볶는다.

5 조개다시다, 맛소금으로 간한 후 ①의 쪽파를 뿌려 낸다.

옥주부's Cooking Tip

☑ 기름을 낸 파와 양파는
쓰지 않고 기름만 사용해요.
볶은 파와 양파를 쓰면
볶음밥이 눅눅해지거든요.
☑ 볶음밥 간은 무조건
맛소금! 간장으로 하지
마셔요.

잔치국수

늦은 아침으로 점심 타이밍 놓치고 출출할 때, 이럴 땐 호로록이 짱이죠?
빨리 만들어 먹고 싶은데 맛은 포기 못하는 내 사람들을 위한 레시피. 초간단 요리, 잔치국수입니다.

*재료

중면(또는 소면) 300g
애호박½개
김가루·통깨 약간씩

육수

건표고버섯 10~12개
자른 다시마 5~6장
멸치다시다 ½숟가락
소고기다시다·
소금 ¼숟가락씩
옥주부진한
멸치국물팩 1개
후춧가루 약간
물 1.8L

*조리방법

1 애호박은 반달 썬다.

2 냄비에 분량의 육수 재료와 ①의 애호박을 넣고 7분간 끓인 후

멸치국물팩과 다시마는 건진다.

3 끓는 물에 면을 넣고 6~7분간 삶는다.

찬물에 박박 씻어 물기를 털어낸 후 면기에 담는다.

4 ③에 ②의 육수를 붓고 김가루와 통깨를 올린다.

옥주부's Cooking Tip

☑ 보통 잔치국수는
소면을 사용하는데, 저는
개인적으로 중면의 식감을
좋아해요. 취향에 따라 면은
선택하셔도 돼요.
☑ 면을 삶을 때는 정해진
시간에서 약 30초 덜 삶고,
끓어오르면 중간중간에
찬물을 부어가면서
삶으세요. 찬물에 헹굴 때는
박박 빨래하듯 치대세요.

1

2

3

135

바지락칼국수

비 내리는 날이면 항상 생각나는 칼국수!
내 사람들, 맛있는 김치 곁들여 호로록 맛있게 드세요.

*재료

칼국수 면 500~600g
바지락 300g
애호박 ½개
양파 1개
대파 1대
당근 30g
식용유 적당량

국물
간 마늘 1숟가락
조개다시다 ½숟가락
멸치다시다 ⅓숟가락
미원 ¼숟가락
후춧가루 약간
물 2L

해감
물 1L
천일염 2숟가락
식초 1숟가락

*조리방법

1 볼에 바지락과 분량의 해감 재료를 넣고 검은 봉지로 감싸 30분 정도 해감한다.

2 애호박은 반달 썰고, 양파와 당근은 채 썬다. 대파는 어슷 썬다.

3 팬에 식용유를 두르고 바지락과 애호박, 양파, 당근을 함께 볶는다.

4 냄비에 국물 재료 중 물과 간 마늘만 넣고 끓이다가 칼국수 면을 넣고,

볶은 채소와 나머지 국물 재료를 넣은 후 7분간 더 끓인다.

5 그릇에 담아 ②의 대파를 올린다.

옥주부's Cooking Tip

☑ 바지락 해감은 스피드가 중요해요. 30분 정도 해감한 후에는 재빠르게 체에 밭쳐 뻘과 바지락이 섞이지 않게 하는 것이 포인트!

들깨수제비

쫄깃하고 구수하고 뜨끈~하고, 그야말로 당기는 맛.
이 레시피대로 드시다가 숟가락을 땅에 떨어뜨릴 수 있어요. 정상이에요. 그만큼 맛이 충격적이거든요.

*재료

감자 2개
양파 ⅓개
들깻가루 4숟가락
당근 ½개
대파 ½대
시금치 60g
구운 김·통깨·식용유
약간씩

수제비 반죽
밀가루 330g
달걀 1개
들기름 1~2숟가락
물 150ml

육수
물 1.5L
옥주부진한
멸치국물팩 1개
대파 1대
간 마늘 1숟가락
조개다시다·
멸치다시다 ½숟가락씩
혼다시 ⅓숟가락

옥주부's Cooking Tip
☑ 수제비 반죽은 살짝
질게 하는 게 포인트!
반죽 후 상온 숙성해 두면
훨씬 쫄깃하고 맛있어요.

*조리방법

1 분량의 수제비 반죽 재료를 잘 치댄 후 30분 정도 랩을 씌어 상온에 둔다.

2 감자는 반달썰기 하고, 양파는 깍둑썰기 하고, 당근은 채 썬다.

대파는 송송 썰고, 시금치는 먹기 좋은 크기로 두세 번 칼로 썬다.

3 기름 두른 팬에 대파를 뺀 ②의 손질한 채소들을 볶는다.

4 분량의 육수 재료를 모두 넣고 7분 정도 끓인 후

다시 팩은 꺼내고 약불로 줄인다.

5 ④의 육수에 ③의 볶은 채소를 넣고 ①의 반죽을 조금씩 떼어

얇게 펴서 넣는다.

6 들깻가루와 대파를 넣고 4분 더 끓인 후 잘게 부순 구운 김과

간 통깨를 뿌려낸다.

❶ ❸ ❺

골뱅이소면

제가 빨간 면쪽 강한 거 알 만한 분은 아실 거예요. 이것도 역시 별미입니다.
골뱅이소면의 국수 면은 대개 소면을 선택하시지만, 중면 한 번 써보실래요? 식감이 아주 환상이에요.

*재료

중면(또는 소면) 150g
골뱅이 통조림 400g
오이 1개
당근 ⅓개
양배추 ¼개
청·홍고추 1개씩

양념
고춧가루·초고추장·
매실액·진간장·
옥주부맛간장·식초·
설탕·참기름·
참깨 1숟가락씩
올리고당(또는 요리당)
2숟가락
미림 ½~1숟가락
간 마늘 ½숟가락
조개다시다 ¼숟가락
미원 2꼬집

*조리방법

1 오이와 당근, 양배추는 채 썰고, 고추는 작게 다진다.

2 중면은 끓는 물에 5분간 삶고 찬물에 3번 이상 바락바락 씻어 건져둔다.

3 분량의 양념 재료를 고루 섞는다.

4 ③에 삶은 면과 손질한 채소, 골뱅이를 넣고 버무린다.

이때 골뱅이 통조림 속 국물을 1숟가락 정도 넣는다.

옥주부's Cooking Tip

☑ 고춧가루는 굵은 걸
사용하면 훨씬 맛깔스러워
보여요.

☑ 옥주부맛간장이 없으면
진간장이나 양조간장으로
대체하셔도 돼요.

비빔국수

국물이 자박자박 동치미 국물 베이스의 새콤하고 시원한 비빔국수 레시피입니다.
기본 재료를 가지고 이렇게 맛난 비빔국수를 할 수 있다니. 집 나간 입맛 제대로 찾아드립니다.

*재료

중면 210g
쌈무 6장
오이 ½개
달걀 3개
통깨·참기름 약간씩

양념
동치미냉면육수 1봉
청양고추 3개
고추장·설탕 4숟가락씩
물엿·사과식초
3숟가락씩
진간장 2숟가락
미림 5숟가락
간 마늘 1숟가락

*조리방법

1 쌈무와 오이는 채 썰고, 청양고추는 다진다.

달걀은 끓는 물에 7분간 삶아 껍질을 벗기고 반으로 썬다.

2 중면은 끓는 물에 8분간 삶은 후 찬물에 바락바락 씻어 그릇에 담는다.

3 분량의 양념 재료를 잘 섞은 후 ②의 중면과 고루 비빈다.

4 ①의 쌈무와 오이, 달걀을 올린 후 통깨와 참기름을 뿌린다.

옥주부's Cooking Tip
☑ 달걀은 끓는 물에 7분
삶으면 딱 반숙란으로
만들어져요. 바로 찬물에
담갔다 껍질을 까두세요.

❶

❷

❸

대패삼겹살 비빔우동

신효섭 셰프가 공개한 비빔우동 레시피.
탱글탱글한 생우동의 식감과 꾸덕꾸덕한 빨간 양념의 조합이 정말이지 엄지 척.

*재료

우동면 240g
대패삼겹살 150g
파채 50g
당근·오이 ⅓개씩

양념
고춧가루·참기름·
물엿·설탕·고추장
2숟가락씩
다진 파·간 마늘
1숟가락씩
생강즙·진간장
½숟가락씩
식초 4숟가락
소고기다시다 ⅓숟가락

*조리방법

1 파채는 물에 담가 매운맛을 제거하고, 오이와 당근은 채 썬다.

2 팬에 고춧가루, 다진 파, 간 마늘, 참기름을 넣고 약불에 살짝 볶은 후
불에서 내린다.

3 ②에 남은 양념 재료를 잘 섞어 양념장을 만든다.

4 대패삼겹살은 바싹 굽고, 우동면은 삶아 건진 후 찬물에 헹궈 물기를 뺀다.

5 삶은 우동면 위에 ③의 양념장을 얹고 구운 삼겹살과 ①의 채소를 올린다.

옥주부's Cooking Tip
☑ 우동면 위에 올리는
고기는 대패삼겹살이 가장
맛있지만, 소고기, 일반
삼겹살 등 다른 고기를
활용하셔도 좋아요.

삼겹살 짜장면

짜장면은 배달 음식인데 꼭 춘장으로 사게 된다는 내 사람들.
집에서 더 맛있게 먹을 수 있는 삼겹살 짜장 소스 레시피 개봉 임박.

*재료

칼국수 면 280g
삼겹살 200g
양파 1개
대파 2개
생강 4g
춘장 80g
진간장 ⅓순가락
식용유 적당량

양념
설탕 2순가락
굴소스·미원·치킨스톡
⅓순가락씩
물 130ml

전분물
감자전분 2순가락
물 4~5순가락

*조리방법

1 삼겹살과 양파는 깍둑썰기 하고, 대파는 1cm 간격으로 썰고, 생강은 채 썬다.

볼에 분량의 전분물 재료를 넣고 잘 저어 전분물을 만들어둔다.

2 식용유를 두른 팬에 삼겹살을 넣고 바싹 볶다가

양파, 대파, 생강, 간장을 넣고 한 번 더 볶는다.

3 다른 팬에 식용유 100ml와 춘장을 넣고 보글보글 끓어 오를 때까지 볶다가

불에서 재빠르게 내린다.

4 ③에 분량의 양념 재료를 넣고 끓이다가, 끓어오르면 불을 끄고 ①의 전분물을

넣은 후 한 방향으로 젓는다. 양념과 전분물이 잘 섞이면 센 불에 끓인다.

5 ④에 ②를 넣고 4~5분 정도 저으면서 끓인 후

전기밥솥에 보온으로 4시간 숙성한다.

6 끓는 물에 칼국수 면을 넣고 4분간 삶아 찬물에 씻은 후 그릇에 담고

⑤의 짜장 소스를 올린다.

옥주부's Cooking Tip

☑ 면은 중화 면이나
칼국수 면을 사용하면 돼요.
끓는 물에 4분 정도 삶은
후 찬물에 겉만 차갑게
샤워해주세요.
☑ 춘장을 볶을 때 가장
주의해야 할 것은 오버쿡!
춘장이 끓기 시작하면
2분 안에 불을 꺼 주세요.
그럼 실패가 없답니다.

도토리묵무침

내 사람들 도토리묵 좋아하시죠? 새콤달콤하면서 들깻가루의 고소함이 입안 가득 채워지는… 흐읍.
청계산 도토리묵 맛집 레시피를 소개해요.

*재료

도토리묵 1모
양파·당근·오이
⅓개씩
쪽파 2대
로메인(또는 상추)
3~5장

양념

진간장 5숟가락
고춧가루 4숟가락
식초·매실액 2숟가락씩
들기름·멸치액젓·
설탕·들깻가루
1숟가락씩
미원 ½숟가락

*조리방법

1 양파는 채 썰고, 당근과 오이는 반달썰기 한다.

쪽파는 송송 썰고, 로메인은 마디 썬다.

2 도토리묵은 끓는 물에 1분 정도 데친 후 찬물에 헹궈 한 입 크기로 썬다.

3 분량의 재료를 섞어 양념장을 만든 후 ①의 채소를 넣고 잘 버무린다.

4 ③에 도토리묵을 넣고 으깨지지 않도록 살짝 버무려 낸다.

옥주부's Cooking Tip

☑ 기호에 따라 들깻가루는
한 숟가락 정도 더 넣어도
좋아요.
☑ 로메인이 없으면 상추를
넣어도 무방해요.

❶

❷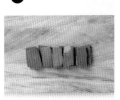

❸

해물파전

비 오는 날에 빠질 수 없는 메뉴, 해물파전입니다.
여기에 막걸리만 곁들이면 캬.

*재료

오징어 1마리
칵테일새우 70g
쪽파 ½단
식용유 적당량

반죽
부침가루 5숟가락
튀김가루 3숟가락
물 250ml

*조리방법

1 손질된 오징어는 깨끗이 씻어 잘게 썬다.

쪽파는 다듬어서 깨끗이 씻어만 두고 썰지 않는다.

2 ①의 오징어와 칵테일새우는 끓는 물에 살짝 데친다.

3 볼에 물과 부침가루와 튀김가루를 잘 섞어 반죽을 만든다.

4 팬에 기름을 두르고 쪽파를 넓게 깔아 준 후 ③의 반죽을 붓고

②의 데친 오징어와 칵테일새우를 올려 앞뒤로 노릇하게 굽는다.

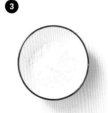

옥주부's Cooking Tip

☑ 파 위에 반죽을
바른다는 느낌으로 반죽을
올리면 재료와 반죽이
따로 놀지 않아요.

간장 냉삼

미세먼지 심한 날은 삼겹살이죠. 냉동 삼겹살을 옥주부 특제소스를 담가서 불판에 구워 드셔보세요.
센 불에 구우면 금방 타니까 불 조절에 신경 또 신경~

*재료

냉동 삼겹살 1.2kg
쌈무·파절이·생마늘·
모둠 쌈 적당량씩

양념
물 200ml
진간장 50ml
백설탕 2½순가락
매실청·소고기다시다
½순가락씩
간 마늘 ¼순가락
간 생강 ⅛순가락
미원 ⅛순가락

*조리방법

1 분량의 양념 재료를 모두 넣고 5분간 팔팔 끓인다.

2 냉동 삼겹살을 ①의 양념에 담근 후 프라이팬이나 불판에 굽는다.

3 취향에 따라 쌈무, 파절이, 생마늘, 모둠 쌈을 곁들인다.

옥주부's Cooking Tip

☑ 남은 양념은 등갈비에
재워 2일간 숙성 후
드셔보세요.
☑ 삼겹살이 없다면 다른
고기를 사용해도 좋아요.
단, 두께감이 있는 고기를
추천해요!
☑ 만들어 놓은 간장 소스에
삼겹살을 담갔다가 굽는게
포인트랍니다.

❶

❷

❸

닭강정 소스

시판 냉동식품 속 양념의 양이 너무 적죠? 눈치 안 보고 넉넉하게 뿌려 드실 수 있도록
닭강정 소스를 준비했습니다. 실패 없는 맛으로요.

*재료

마늘 10개
생강 20g
양파 1개
물 200ml

마늘간장소스
물엿 300g
진간장·설탕
2숟가락씩
식초 1~2숟가락
머스터드 소스·
맛소금 ½숟가락씩

매콤소스
물엿 300g
설탕 4숟가락
고추기름·돈가스소스
3숟가락씩
고춧가루 1숟가락
후춧가루·맛소금
⅓티스푼씩

옥주부's Cooking Tip
☑ 에어프라이어용
냉동치킨을 익힌 후 소스를
넣고 볶아주세요. 뒤적뒤적
볶다가 통깨 아낌없이
뿌리고 땅콩믹스를 잘게
부숴 뿌려 주면 마무리.
☑ 위 소스는
소스 맛별 1kg씩 총
닭 2kg 분량이에요.

*조리방법

1 마늘, 생강, 양파, 물을 믹서에 갈아 반반씩 믹스볼에 담는다.

2 하나의 믹스볼에 마늘간장소스 재료를 넣고 5~7분간 중불에 끓여
마늘간장소스를 완성한다.

3 다른 믹스볼에 분량의 매콤소스 재료를 넣고 5~7분간 중불에 끓여 매콤소스를
완성한다.

주꾸미삼겹살볶음

저의 시그니처 소스, 만볶이로 뭘 볶아 먹나 고민하셨다면 주삼볶음으로 가시죠.
국물 없이 깔끔한 맛, 소스와 주삼의 조합은 아주 찰떡이에요.

*재료

주꾸미 1~1.5kg
삼겹살 500g
대파 1대
쪽파 3대
홍고추 1개
간 마늘 ½숟가락
고춧가루 4숟가락
통깨 약간

만능볶음간장(만볶이)

진간장 8숟가락
설탕 6숟가락
고추기름 3숟가락
멸치액젓·간 마늘
2숟가락씩
소고기다시다·
조개다시다·
굴소스 1숟가락씩
미원 ½숟가락
후춧가루 약간

주꾸미 손질

밀가루 2숟가락
물 200ml

옥주부's Cooking Tip

☑ 만볶이 소스는
하루 정도 숙성한 후
요리하면 더 맛있어요.
유통기한은 10일입니다.

*조리방법

1 볼에 주꾸미를 담고 밀가루와 물을 넣은 후 치대듯이 빨고 물에 헹군다.

내장을 제거한 뒤 끓는 물에 4분간 데친다.

2 분량의 재료를 섞어 만능볶음간장을 만든다.

3 대파는 송송 썰고, 쪽파는 4cm 길이로 썰고, 홍고추는 채 썬다.

4 달군 팬에 삼겹살을 먼저 볶다가 기름이 나오기 시작하면 고춧가루

2숟가락을 넣고 볶는다.

5 ④에 데친 주꾸미를 넣고 고춧가루 2숟가락을 더 넣은 후 3분간 볶는다.

6 ⑤에 ②의 만능볶음간장을 반 정도 붓고,

간 마늘과 송송 썬 대파를 넣어 5분간 더 볶는다.

7 고명으로 홍고추와 쪽파를 올리고 통깨로 마무리한다.

❶

❷

❻

주꾸미볶음

'엽떡' 스타일의 주꾸미볶음을 상상해보세요. 매운데 자꾸 입에 들어가는 그 맛~
그 중독성 있는 맛을 주꾸미 버전으로 경험해보세요.

*재료

주꾸미 1kg
청양고추 2~3개
홍고추 1개
대파 1대
당근 ⅓개
고추기름·통깨 약간씩

양념
고추장 1숟가락
진간장 3숟가락
설탕·고춧가루·매실액
1숟가락씩
간 마늘 ½숟가락
멸치다시다·
조개다시다 ⅓숟가락씩
미원 ¼숟가락
후춧가루 약간

주꾸미 손질
밀가루 2숟가락
물 200ml

옥주부's Cooking Tip

☑ 주꾸미는 4~5분이면
익어요 오버쿡 주의! 양념은
간을 봐가면서 넣으세요.
양념이 살짝 남는 게
정상입니다.
☑ 주꾸미는 손질 후
꼭 데쳐야 해요. 그래야
국물이 덜 나오거든요.

*조리방법

1 볼에 주꾸미를 담고 밀가루와 물을 넣은 후 치대듯이 빨고 물에 헹군다.

내장을 제거한 뒤 끓는 물에 3분간 데친다.

2 믹스볼에 분량의 양념 재료를 넣고 잘 섞어 준비해둔다.

3 고추는 씨를 털어낸 후 다지고, 대파는 마디 썰고, 당근은 채 썬다.

4 팬에 고추기름을 충분히 두르고 대파와 당근을 볶는다.

5 ④에 ②의 양념을 ⅔ 정도 넣어 섞은 후 ①의 데친 주꾸미를 넣고

2~3분간 볶는다. 간을 보고 필요하면 양념을 더 넣는다.

6 통깨와 다진 고추를 올린다.

대파삼겹볶음

기사식당 버전의 자작한 국물과 미끄덩한 비계가 맛있는 촉촉 제육볶음입니다.
밥에 먹어도, 쌈에 싸 먹어도 그냥 먹어도, 네 맞아요. 그 무섭다는, 아는 맛입니다.

*재료

대패 삼겹살 600g
양파 ½개
대파 ½대
청양고추 1개
참기름 ½숟가락
소고기다시다 1숟가락
미원 ¼숟가락
후춧가루·통깨 약간씩

양념
고춧가루 3숟가락
진간장 5숟가락
미림 4숟가락
요리당·매실액
2숟가락씩
굴소스 1숟가락

*조리방법

1 양파는 깍둑썰기 하고, 대파는 어슷 썰고 청양고추는 송송 썬다.

2 팬에 대패 삼겹살을 올려 볶다가 분량의 양념을 넣은 후
중불로 조절하고 후춧가루를 뿌린다.

3 ②에 소고기다시다, 미원을 넣고, ①의 채소들을 모두 넣은 후 볶으며
골고루 뒤적인다.

4 참기름을 넣고 2분간 더 볶은 후 통깨를 뿌려 낸다.

옥주부's Cooking Tip
☑ 손이 느려서 걱정이라는
내 사람들~ 재료 넣는 동안
고기가 탈까 봐 걱정이면
그냥 한 번에 모든 재료를
넣고 볶아버리세요.
제육볶음은 그래도 돼요.

2-1

2-2

3

PART **4**

옥주부표 그럴듯한
일품 요리 10

요린이도 요리 고수가 될 수 있는 메뉴들을 소개해 드릴까 해요.
명절이나 손님 온 날, 솜씨 자랑 한번 하고 싶을 때 있잖아요.
이건 내가 할 요리가 아니라고 생각해 왔던 메뉴도
한번 도전해 보자고요. 제 레시피면 절대 어렵지 않으니까요.
나 옥주부도 했으면, 내 사람들도 할 수 있어요.
맛은 제가 책임집니다.

MENU

코다리강정	양념게장	만두	잡채	돼지고기 김치찜
닭볶음탕	숯불돼지갈비	갈비찜	약밥	유린육

매일 먹반찬

국 & 찌개

별미 요리

일품 요리

김치

간식

코다리강정

이 요리는 제가 진심 자신 있어 하는 레시피예요. 튀겨놓은 코다리에 간장소스를 붓고
졸이듯 버무리면 끝. 맛도 요리 과정도 착한 코다리강정~ 꼭꼭 만들어 드셔보세요.

*재료

코다리 4마리
전분가루·튀김가루
200g씩
튀김용 기름 적당량
통깨 약간

양념
옥주부맛간장 2순가락
설탕 7순가락
사과식초·
진간장 4순가락씩
후춧가루 약간
참기름 1순가락
미원 ¼순가락

*조리방법

1 코다리는 1~2분 정도 물에 불린다. 불린 코다리는 가위로

지느러미를 자르고, 4~5등분해 찬물에 씻어 키친타월로 물기를 제거한다.

2 전분가루와 튀김가루를 섞어 손질한 코다리에 고루 묻힌다.

3 웍에 기름을 넉넉히 담은 후 180℃에서 ②의 코다리를 4분씩 튀긴다.

4 다른 팬에 분량의 양념 재료를 넣고 약불에 졸여 설탕을 완전히 녹인다.

5 ④의 양념에 ③의 튀긴 코다리를 넣고 고루 섞은 후 통깨를 뿌려 낸다.

옥주부's Cooking Tip

☑ 코다리는 큰 것보다
작은 것의 살이 더 맛있고
쫄깃해요.
☑ 맛간장이 없으면
맛간장 양만큼 진간장을
추가해주세요

닭볶음탕

입맛 돋우는 간장소스에 칼칼한 고춧가루를 더해 밥 두 공기 순삭에, 완전 소주 각.
칼칼한 맛 당기는 날, 고민 없이 닭볶음탕 가시죠.

*재료

닭볶음탕용 닭
1마리(1kg)
대파 1대
양파 ½개
고춧가루·요리당
2숟가락씩
혼다시 ⅓숟가락
미원 ¼숟가락
식용류 적당량

양념
진간장 50ml
굴소스 2숟가락
간 마늘 1숟가락
간 생강 ⅓숟가락
물 200ml

*조리방법

1 닭은 닭볶음탕용으로 준비해 깨끗이 씻는다.

양파는 깍둑썰기 하고 대파는 어슷 썬다.

2 웍에 기름을 두르고 센 불에서 닭을 튀기듯 볶는다.

3 ②의 닭이 80% 정도 익으면 분량의 양념 재료를 넣고 끓인다.

4 ③이 팔팔 끓으면 중불로 줄이고, 대파와 양파, 고춧가루, 요리당을 넣는다.

5 닭에 양념이 충분히 배고, 국물이 충분히 졸여지면 미원과 혼다시를 넣고

1~2분간 더 끓인다.

옥주부's Cooking Tip

☑ 굴소스가 없으면
치킨스톡을 넣어도 좋아요.

167

양념게장

옥주부 시그니처 메뉴인 양념게장입니다. 마트 수산코너에서 '절단 꽃게 1kg만 주세요~'라고 하세요. 꼭 냉동된 제품으로요.

*재료

냉동 절단 꽃게 1kg
청·홍고추 1개씩
대파 ½개
양파 ⅓개
소주 ½병
부추·통깨 약간씩

양념
진간장·요리당
5숟가락씩
매실청 4숟가락
고춧가루 5숟가락
(매운 고춧가루 2숟가락,
일반 고춧가루 3숟가락)
설탕 3숟가락
멸치액젓 1숟가락
간 마늘·간 생강
⅔숟가락씩
미원 ⅓숟가락
후춧가루 약간

옥주부's Cooking Tip
☑ 냉동 절단 꽃게는 흐르는
물에 두고 얼음이 떨어질
때까지만 녹이기!
☑ 고춧가루는 매운 것과
안 매운 것 섞어쓰시길
추천드려요.
☑ 양념은 버무리기 하루
전에 만들어 냉장고에
넣어두세요.

*조리방법

1 꽃게는 흐르는 물에 깨끗이 씻은 후 다리 끝 뾰족한 부분을 가위로 자르고
소주에 30분간 재운다.

2 고추와 대파는 송송 썰고, 양파는 채 썰고, 부추는 마디 썬다.

3 ①의 꽃게를 물에 헹군 후 믹스볼에 담고 ②의 채소와 분량의 양념을 넣어
잘 버무린 후 통깨를 뿌려 바로 먹는다.

❶

❷

❸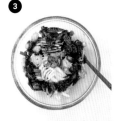

숯불돼지갈비

전문 음식점 흉내 내기, 외식이 어려울 때 집에서 제대로 분위기 내보세요.
유명 숯불갈비집 안 부럽다니까요. 비법은 바로 화유.

*재료

갈비용 돼지고기 2kg
화유 4~6숟가락

양념
마늘 10~12개
양파 1개
대파 1대
진간장·사과즙 100ml씩
미림 7~8숟가락
설탕 6~7숟가락
소고기다시다·
참기름 1숟가락씩
혼다시·미원·
후춧가루 ½숟가락씩

옥주부's Cooking Tip

☑ 정육점에서 고기를 살 때
"갈비용이니 포 떠주세요~"
라고 주문하세요.
그럼 갈빗집에서 먹던 딱
그 비주얼의 갈비를
구입하실 수 있을 거예요.
☑ 옥주부맛간장이
있다고요? 그럼 간장
100ml 대신 옥주부맛간장
8숟가락 + 진간장 2숟가락
비율로 가셔요.
☑ 화유는 조리 마지막에
넣어야 향을 느낄 수 있어요.

*조리방법

1 양념 재료를 모두 믹서에 간다.

2 용기에 돼지고기와 ①의 양념을 함께 잘 섞어 2일간 숙성시킨다.

3 팬을 중불로 놓고 2분간 예열 후 ②의 갈비를 굽는다.

4 ②에서 남은 양념에 화유를 섞어 갈비에 얹으며 굽다가, 양념이 줄어들 때마다

물 반 컵씩을 추가해 돼지갈비 색깔이 날 때까지 졸이듯 굽는다.

만두

물론 파는 만두도 맛있지만, 아이들과 모여 앉아 만두 빚는 재미가 꽤 좋거든요.
우리, 아이들과 만들기 놀이 하는 기분으로 재미나게 만들어 보아요.

*재료

다진 돼지고기·
다진 소고기 50g씩
당면 15g
두부 75g
숙주 200g
김치 ½쪽
달걀 1개
참기름·간 마늘·
통깨·소고기다시다
½숟가락씩
후춧가루 ¼숟가락
만두피 45장

고기 밑간
간 마늘·간 생강·
후춧가루 약간씩

*조리방법

1 마른 팬에 고기와 분량의 고기 밑간 양념을 넣고 함께 볶는다.

2 당면은 물에 불렸다가 끓는 물에 1분간 삶아 잘게 썰고, 통깨는 곱게 간다.

3 두부는 으깨고, 숙주는 물에 데친 후 잘게 썬다.

김치는 물기를 꼭 짠 후 잘게 썬다.

4 준비한 재료들을 모두 넓은 양푼에 넣고 섞는다.

5 만두피에 소를 적당량 넣고 모양내어 빚는다.

옥주부's Cooking Tip
☑ 찜솥에 만두를 찔 때
물에 식용유를 조금 넣고
쪄보세요. 만두에 윤기가
촬촬 흐른답니다.

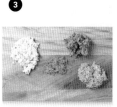

갈비찜

국물 자작한 갈비찜입니다. 전골냄비에 이 갈비 올리고 보글보글 끓여 먹다 보면
지금까지 먹었던 갈비찜은 싹 잊히실 거예요.

*재료

소갈비 1.5~2kg
통마늘 10개
양파 3개
(육수용 2개 + 찜용 1개)
대파 2대
(육수용 1대 + 찜용 1대)
무 적당량
(육수용 1½개 +
찜용 ⅓개 정도)
당근 1개
물 4.5L

양념

진간장·설탕
6숟가락씩
간 마늘·소고기다시다
1숟가락씩
미림 2~3숟가락
참기름 ½숟가락
미원·후춧가루
⅓숟가락씩

*조리방법

1 소갈비는 찬물에 20~30분 정도 담가 핏물을 뺀다.

2 냄비에 물 1L와 ①의 소갈비를 넣고 센 불에서 20분간 끓인 후 물은 버린다.
데친 갈비는 물에 씻어 둔다.

3 육수용 양파는 깍둑썰기 하고, 대파는 마디 썰고, 무는 나박썰기 한다.
찜에 넣을 양파와 무, 당근은 모두 깍둑썰기 하고, 대파는 마디 썬다.

4 다시 냄비에 물 3.5L와 ②의 갈비, 육수용 양파, 대파, 통무 그리고
통마늘을 넣고 센 불에서 60~70분간 끓인 후 체에 걸러 육수를 준비한다.

5 전골냄비에 육수 800ml와 ④에서 걸러낸 갈비, 분량의 양념 재료, 찜용 무,
당근을 넣고 20분간 끓이다 찜용 대파와 양파를 넣고 7분간 더 끓인다.

옥주부's Cooking Tip

☑ 남은 육수는
각종 찌개 등 국물요리에
사용해보세요~ 최고의 국물
베이스가 되어 줄 거예요.

잡채

옥주부의 잡채는 여느 잡채와 달라요. 일단 당면을 불리지 않아요. 만들어 놓고 한참 지나도 거의 불지 않지요.
오잉, 어떻게 이런 일이? 저희 어머니께 전수 받은 비법, 지금부터 공개합니다.

*재료

당면 300g
다진 소고기 100g
시금치 200g
느타리버섯 100g
목이버섯 30g
표고버섯·홍고추 2개씩
양파 ½개
당근 ⅓개
참기름 1숟가락
통깨·식용유 적당량씩
소금 약간

양념
진간장 9숟가락
설탕 9숟가락
소주 1숟가락
물 1L

소고기 밑간
마늘·설탕·진간장
1티스푼씩
후춧가루 약간

옥주부's Cooking Tip
☑ 마지막에 참기름을
넉넉히 넣어야 잡채가
달라붙지 않아요.

*조리방법

1 냄비에 분량의 양념을 넣고, 물이 끓기 시작하면 중불로 줄여

당면을 넣고 졸이듯 끓인 후 당면만 건져둔다.

2 다진 소고기는 밑간해 팬에 살짝 볶는다.

3 시금치는 데치고, 느타리버섯은 결대로 찢고, 목이버섯은 물에 불리고,

표고버섯은 편 썬다. 홍고추는 씨를 털어낸 후 채 썰고, 양파, 당근은 채 썬다.

4 ③의 채소는 식용유를 넉넉히 두른 팬에 소금으로 간하며 볶는다.

5 양푼에 ①, ②, ④를 모두 넣고 참기름, 통깨와 함께 버무린다.

약밥

전기밥솥만 있으면 약밥도 쉽게 만들 수 있어요. 한 끼 식사로도, 간식으로도, 너무 좋은 약밥.
우리, 밥하듯 쉽게 만들어 봐요. 일명 '전기밥솥 약밥', 레시피 갑니다.

*재료

찹쌀 350g
깐 밤 1종이컵
씨를 뺀 대추 ½종이컵
잣 1숟가락
참기름·건포도
½숟가락씩

양념
흑설탕 1½숟가락
진간장 1숟가락
소금 ⅛숟가락
물 300ml

*조리방법

1 찹쌀은 물에 1~2시간 정도 불린다.

2 전기밥솥에 불린 찹쌀과 밤, 대추, 잣, 건포도, 분량의 양념을 넣어 밥을 한다.

3 밥이 다 되면 참기름을 넣고 잘 저은 후 밥그릇이나 사각 틀에 담고
꼭꼭 눌러 모양을 낸다.

옥주부's Cooking Tip
☑ 압력밥솥이나
냄비에 밥을 할 경우
전기밥솥의 양보다 물을
살짝 적게 잡으세요.
☑ 밤, 대추, 잣은 분량에
관계 없이 취향껏 넣어도
되지만, 건포도는 너무 많이
넣으면 단맛이 과해져요.
레시피보다 더 넣지는
말아주세요.

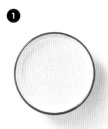

돼지고기 김치찜

제가 생각하는 김치찜은요. 달콤하니 감칠지고, 국물을 호로록 마시면 '캬아' 소리가 절로 나와야 해요.
들어가는 재료는 같아도 맛은 김치찌개와는 달라야 하고요. 그 기준에 '딱' 맞는 옥주부표 김치찜입니다.

*재료

김치 ¼쪽
돼지고기 앞다리살 350g
대파·홍고추·청양고추
1개씩

육수
김치 국물 5숟가락
국간장·
멸치액젓·설탕·
간 마늘 1숟가락씩
멸치다시다 ½숟가락
미원 2꼬집
물 400ml

*조리방법

1 대파와 고추는 어슷 썬다.

2 전골냄비에 김치와 돼지고기, ①의 채소를 보기 좋게 담는다.

3 분량의 육수 재료를 잘 섞은 후 ①에 부어 30분간 끓인다.

옥주부's Cooking Tip

☑ 너무 신 김치는 물에 깨끗하게 씻어낸 후 사용하세요. 김치 국물은 넣지 마시고요.
☑ 여기에 고등어를 넣으면 고등어 김치찜이 된답니다. 다양하게 응용해보아요.

유린육

닭고기 말고 돼지고기로 만들어서 유린육이라고 이름을 지었어요.
중화요리의 끝판왕, 묻지도 따지지도 말고 만들어보세요.

*재료

돼지고기
앞다리살 300g
부침가루·
전분 적당량씩
달걀 3개
식용유 적당량

소스
옥주부맛간장·물·
사과즙 2순가락씩
설탕 7순가락
사과식초·진간장
4순가락씩
레몬즙 25ml
참기름 1순가락
홍고추 1개
청양고추 4개
미원 ¼순가락
후춧가루 약간

옥주부's Cooking Tip
☑ 돼지고기를 구입할 때
탕수육용으로 잘라 달라고
하세요.
☑ 레몬즙은 레몬 한 개를
손으로 꽉 짜서 넣어도 돼요.
☑ 고기를 튀기기 귀찮다면
냉동 치킨이나 냉동
탕수육으로 하셔도 좋아요.
☑ 양상추나 양파채와 곁들여
먹으면 훨씬 맛있어요.

*조리방법

1 홍·청양고추는 잘게 다진다. 양파는 얇게 채 썰고, 양상추는 손으로 찢는다.

2 부침가루와 전분을 섞어 튀김옷을 준비한다.

3 달걀 3개를 깨서 달걀물을 만든다.

4 돼지고기는 달걀물을 묻히고 튀김옷을 입혀 170~180℃의 기름에서 튀긴다.

5 분량의 소스 재료를 섞은 후 튀긴 돼지고기 위에 붓고

양파와 양상추를 곁들인다.

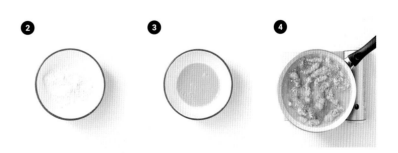

PART 5

세상 쉬운
김치 10

내 사람들의 가장 큰 집밥 고비가 '김치'라고 하더라고요.
그 트라우마를 제가 말끔히 해결해 드릴게요.
'김치가 세상에서 가장 쉬웠어요.' 말할 수 있을 거예요.
깍두기, 열무김치 등등 쟁여두면 든든한 4계절 보물을 이제는
내 사람들 냉장고에도 꽉꽉 채워 넣읍시다.

MENU

겉절이	무생채	깍두기	오이소박이	파김치
열무김치	물김치	섞박지	깻잎김치	부추김치

겉절이

찌개용으로 알배추 1통 사면 조금 남죠? 남은 재료로 겉절이를 만들어 봐요.
절이는 시간 빼면 5분만에 뚝딱. 아삭하게 입맛 돋우는 겉절이 레시피입니다.

*재료

알배추 1포기(800~1kg)

양념
간 마늘 1순가락
멸치액젓 4순가락
새우젓(국물 포함)·
설탕 2순가락씩
고춧가루 80g

*조리방법

1 알배추는 한 잎씩 떼어 흐르는 물에 씻는다.

2 분량의 양념 재료를 잘 섞는다.

3 믹스볼에 ①의 알배추와 ②의 양념을 넣고 살살 버무린다.

옥주부's Cooking Tip
☑ 알배추는 소금에
절이지 마세요.

 **1**

 **2**

 **3**

열무김치

제가 먹어도 너무 맛있는 특급 열무김치 레시피예요.
내 사람들을 위해 눈대중 아닌 제대로 계량한 '찐' 맛입니다. 이틀간 상온 숙성 후 먹으니 진심 대박, 엄지 척.

*재료

열무 1단
천일염 200g
간 마늘 1~2숟가락
고춧가루 ½종이컵
대파 1대
홍고추 1개

밀가루 풀
밀가루 2숟가락
물 535ml

양념
양파 1개
무 100g
배 ⅓개
물 100ml
멸치액젓 50ml
매실액 40ml
멸치다시다 1숟가락

옥주부's Cooking Tip

☑ 열무를 절일 때 너무 힘줘 다루면 김치에서 풋내가 나요. 손가락에 힘을 빼고 살살 뒤집어가며 절여 주세요.
☑ 실온에서 2일 정도 익힌 후 냉장고에 넣어주세요. 만들고 5일 이상 익혀야 제맛이 나요.

*조리방법

1 열무는 흐르는 물에 깨끗하게 씻은 후 물기를 털어 먹기 좋은 크기로 썬다.

대파와 홍고추는 송송 썬다.

2 볼에 ①의 열무를 넣고 천일염을 넉넉히 뿌린 후 뒤집어가며 2시간 정도 절인다.

절인 열무는 3회 정도 찬물에 헹군다.

3 볼에 밀가루와 물 35ml를 넣고 잘 저어 밀가루 물을 만든다.

4 냄비에 물 500ml를 넣고 끓이다가 ③의 밀가루 물을 넣고

중약불에서 저어가며 풀을 쑨다.

5 분량의 양념 재료를 믹서에 넣고 곱게 간다.

6 양푼에 절인 열무와 ④의 풀, ⑤의 양념, 간 마늘, 고춧가루, 대파, 홍고추를

모두 넣고 살살 버무린다.

❶ ❸ ❻

무생채

밥 한 그릇 순삭하는 새콤달콤한 무생채, 밥에 고추장이랑 참기름 넣고 슥슥 비벼 먹어도 너무 맛있죠?
새콤달콤한 무생채 함께 만들어볼까요? 내 사랑들, 어서 따라와요.

*재료

무 1개(1kg)
고운 고춧가루·
굵은 고춧가루
2숟가락씩

양념
설탕 1숟가락
새우젓·간 마늘·
매실액 1숟가락씩
멸치액젓 5숟가락
대파 ½대
미원 1숟가락
사과식초 4숟가락
깨 적당량

*조리방법

1 무는 굵게 채 썰고 대파는 송송 썬다.

2 채 썬 무에 고운 고춧가루와 굵은 고춧가루를 넣은 후 손으로 조물조물 무친다.

3 ②에 분량의 양념 재료를 넣고 고루 버무린다.

옥주부's Cooking Tip

☑ 무채는 채칼을 이용해야
편해요. 단, 채칼은
손 다치기가 쉽거든요.
저는 목장갑을 끼고
했다니까요.

☑ 무에 고춧가루 양념을
먼저 하는 이유는 무생채
색 때문이에요. 그래야
색이 곱게 물들어
먹음직스럽거든요.

☑ 설탕은 숟가락 수북이
담아 넣으세요.

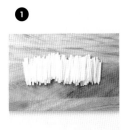

물김치

절인 무와 배추에 고춧가루 풀고, 물 부어 시원하게 먹는 물김치예요. 채수 베이스로 시원하고 깔끔하게
딱 떨어지는 물김치 국물. 크하. 만들어 두면 속 느끼할 때 이것 생각만 날 거예요.

*재료

무 1개(1kg)
알배추 ½포기(500g)
천일염 ¼컵

채수
물 4L
표고버섯 5개
대파(파뿌리 포함) 1대
양파(껍질까지) 1개
마른 대추 10개
다시마 10g
천일염 ½컵
무말랭이 20g

양념
배 ½개
홍고추 3개
설탕 1숟가락
쪽파 60g
고운 고춧가루 180g
매실액 90g
간 생강·간 마늘
1티스푼씩
물 1L

옥주부's Cooking Tip
☑ 맛의 포인트는 채수!
여기엔 설탕 외에 그 어떤
정제된 재료도 넣어선
안 돼요.

*조리방법

1 무와 알배추는 나박썰기 한 후 천일염을 고루 뿌려 20분 정도 절인다.

단, 이때 절이면서 빠져 나온 물은 따라내지 않는다.

2 냄비에 다시마를 뺀 분량의 채수 재료를 넣고 센 불에 끓인다.

끓어오르면 중불로 줄이고, 15~20분 정도 더 끓인다. 불을 끄고 다시마를
넣은 후 차게 식힌다. 식힌 육수는 체에 맑은 물만 걸러낸다.

3 홍고추는 씨를 털어내어 채 썰고, 쪽파는 먹기 좋게 썬 후 나머지
양념 재료와 함께 잘 섞는다.

4 김치통에 ①의 절인 무와 알배추, 절이면서 생긴 물 100ml, ②의 식힌 채수,
③의 양념을 모두 넣고 잘 섞은 후 2~3일 정도 실온에 두었다가 냉장고에 넣는다.

❶
❷
❸

깍두기

소금에 절이지 않아도, 찹쌀 풀을 쑤지 않아도 아삭하고 짭조름한 깍두기예요.
살짝 익혀 먹으면 그야말로 궁극의 맛을 느낄 수 있답니다.

*재료

무 2개(2kg)
대파 1대

양념
고춧가루 1종이컵
굵은소금 ⅓종이컵
설탕 2½순가락
간 마늘 1순가락
간 생강 ½순가락
미원 ¼순가락
양파 ½개
매실액 ¼종이컵
새우젓 ½종이컵
사과·배 ¼개씩

*조리방법

1 믹서에 양파, 사과, 배, 새우젓, 매실액을 넣고 곱게 간다.

2 무는 깍둑썰기 하고, 대파는 어슷 썬다.

3 양푼에 손질한 무와 대파, ①의 양념과 나머지 분량의 양념을 모두 넣고
고루 버무린다.

옥주부's Cooking Tip

☑ 절이지 않아서 국물이
많이 생기는 깍두기예요.
깍두기는 자고로 국물이
자작해야 맛있는 것
아니겠어요? 설렁탕 등에
넣어 먹어도 좋고요.
국물까지도 맛있게 드세요!

섞박지

국밥집에서 본 국물 자작한 섞박지 레시피예요.
뜨끈한 국밥과 함께 한 입 크게 베어 물면 짜릿짜릿. 맛있어서 눈물 나는 맛, 새콤달달한 별미 김치예요.

*재료

메인
무 4개(4kg)
대파 2대

양념
양파 1개
멸치액젓 50ml
사과 ½개
사과주스 150ml
새우젓 100g
간 마늘·천일염
4숟가락씩
간 생강 1숟가락
설탕 7숟가락
고춧가루 180g
미원(생략 가능)
½숟가락
찹쌀 50g
물 300ml

*조리방법

1 찹쌀은 10분 정도 불린 후 물과 함께 믹서에 넣고 1분 정도 간다.

2 냄비에 간 찹쌀을 넣고 중불에서 저으며 끓인 다음 식힌다.

3 분량의 양념 재료를 믹서에 넣고 간다.

4 무는 나박썰기 하고, 대파는 어슷 썬다.

5 ③의 재료와 나머지 분량의 양념을 고루 섞어준다.

6 양푼에 손질한 재료와 분량의 양념을 넣고 잘 버무린 후 밀폐용기에 담는다.

옥주부's Cooking Tip

☑ 섞박지는 상온에서
4~5일간 두었다가 그 이후에
먹는 게 가장 맛있어요.
단, 매일 아래위로 뒤적여
주는 게 중요해요.

오이소박이

아삭하면서 청량한 수분감이 입안에서 팡팡 터지는 오이소박이.
남은 양념으로 시금치겉절이를 할 수 있는데, 그것도 별미예요.

*재료

오이 9개
물 4L
굵은소금 5숟가락

양념
부추 ½단
당근 ⅙개
양파 ½개
대파 ⅓대
간 마늘·매실청
1숟가락씩
간 생강 ⅓숟가락
고춧가루 7숟가락
설탕·새우젓·
멸치액젓 2숟가락씩

*조리방법

1 오이는 깨끗하게 씻은 후 5cm 길이로 썰고, 십자로 칼집을 넣는다.

2 냄비에 물과 소금을 넣고 끓이다 불을 끄고 ①의 오이를 넣었다가

1시간 후 건진다.

3 부추와 당근, 양파, 대파를 크게 다져 나머지 분량의 양념과 골고루 섞는다.

4 ②의 오이는 키친타월로 물기를 닦고, 칼집 사이에 ③의 양념을 채운 후

밀폐용기에 켜켜이 담는다.

옥주부's Cooking Tip

☑ 실온에서 하루 정도 익힌
후 냉장고에 넣어주세요.
이틀째 되는 날부터 맛있게
먹을 수 있어요.
☑ 남은 양념은 밥에 올린
후 참기름과 비벼 먹어도
맛있고, 생시금치와 버무려
겉절이를 해 먹어도 좋아요

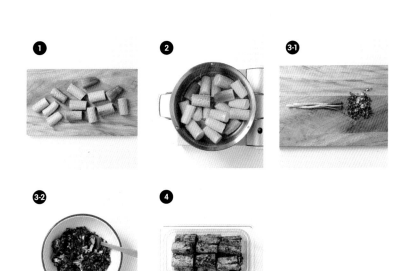

깻잎김치

깻잎의 풋풋한 향과 멸치액젓의 감칠맛이 조화로운 깻잎김치.
~~간장양념만으로도~~ 밥 한 그릇 뚝딱 할 수 있는 그럼 김치예요. 말해 뭐해요. 일단 잡숴보세요.

*재료

깻잎 180g(약 100장)

양념
대파 1대
홍고추 2개
진간장 13숟가락
멸치액젓·설탕
3숟가락씩
들기름·고춧가루
2숟가락씩
간 마늘 1숟가락
통깨 적당량

*조리방법

1 깻잎은 깨끗이 씻은 후 탁탁 털어 물기를 제거한다.

2 대파는 송송 썰고, 홍고추는 어슷 썬 후 나머지 분량의 양념 재료와

함께 잘 섞는다.

3 김에 들기름을 바르듯이 깻잎 한 장, 한 장 사이에 ②의 양념을 발라

밀폐용기에 켜켜이 담는다.

옥주부's Cooking Tip

☑ 깻잎김치 양념은
도토리묵무침 양념으로
활용해도 좋아요.

파김치

파김치 좋아하는 분들 많으시죠? 제 파김치는 엄마께 직접 전수받은, 액젓 듬뿍 들어간 파김치예요.
쪽파 손질만 되어 있으면 6분 컷 파김치, 정말 쉬운데 맛은 깊습니다.

*재료

쪽파 1단
찹쌀 80g
물 320ml

양념

고춧가루 100g
멸치액젓 150ml
간 마늘 1숟가락
설탕 2숟가락
통깨 적당량

*조리방법

1 쪽파는 깨끗하게 씻은 후 탁탁 털어 물기를 제거한다.

2 찹쌀은 분량의 물에 10분 정도 불린 후 물과 함께 믹서에 넣고 1분 정도 간다.

3 냄비에 간 찹쌀을 넣고 중불에서 저으며 끓인 다음 식힌다.

4 분량의 양념 재료를 한데 섞은 후 ③의 찹쌀풀과 섞는다.

5 ①의 쪽파와 ④의 양념을 잘 버무린 후 밀폐용기에 가지런히 담는다.

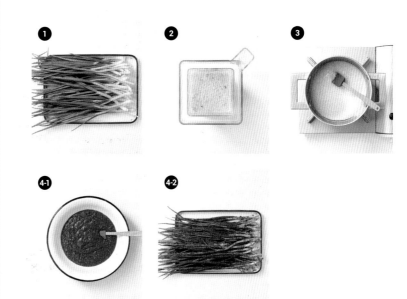

옥주부's Cooking Tip

☑ 파김치는 만든 후
바로 먹어도 맛있어요.
파김치와 짜파게티는
찰떡인 것 아시죠?
파김치 다 담그셨으면 어서
짜파게티 끓이세요!

부추김치

매년 봄에 첫 수확하는 부추는 바로 김치를 담가야 해요.
야들야들 부드럽고 향도 그만이거든요.

*재료

부추 1.5kg
찹쌀 120g
물 300ml
통깨 적당량

양념
당근 1개
대파 1대
멸치액젓 250ml
사과즙 75ml
매실청 50ml
고춧가루 220g
설탕 30g

*조리방법

1 부추는 물에 씻어 물기를 턴다.

2 찹쌀은 분량의 물에 10분 정도 불린 후 물과 함께 믹서에 넣고 1분 정도 간다.

3 냄비에 간 찹쌀을 넣고 중불에서 저으며 끓인 다음 식힌다.

4 당근은 채 썰고, 대파는 송송 썬 후 나머지 양념 재료와 함께 잘 섞는다.

5 손질한 부추와 ③의 찹쌀풀, ④의 양념을 한데 넣고 잘 섞은 후

통깨를 넉넉히 넣어 버무린다.

옥주부's Cooking Tip
☑ 찹쌀 대신 밀가루로
풀을 쒀도 좋아요. 근데
식감이 좀 미끌거릴 거예요.
☑ 시판용 사과즙이 없다면
사과 하나를 갈아 쓰셔도
좋아요. 그마저도 없다면
설탕 1숟가락으로
대체하세요.

PART 6

아이도, 어른도 좋아하는
간식 10

할머니가 만들어 주셨던 식혜가 그립다고요?
요즘 유행하는 로제떡볶이에 빠졌다고요?
까짓, 만들어 보자고요.
한 번이 어렵지, 우리 다 할 수 있잖아요.
옥주부가 친절하게 안내해 드릴게요.
이제 간식까지 마스터해 봅시다, 내 사람들!

MENU

떡볶이
해물떡볶이
로제떡볶이
식혜

붕어빵
몬테크리스토 샌드위치
마약옥수수

맥앤치즈
감자치즈와플
강정 3종(호두, 피칸, 아몬드)

떡볶이

내 사람들, 떡볶이 정도는 어깨만 툭 쳐도 뚝딱 만들어 내야하는 필수 레시피 아닐까요?
아이들이 좋아하는 메뉴라고들 하지만, 어디 어른들은요? (하하) 모두를 위한 메뉴죠.

*재료

떡볶이 떡 500g
어묵 150g
양파 1개
대파 1대
물 400ml
통깨 약간

빨간장
고추장 2숟가락
진간장·고춧가루
1숟가락씩
올리고당 4숟가락
설탕 3숟가락
간 마늘 ½숟가락
소고기다시다·
조개다시다 ⅓숟가락씩
미원 ¼숟가락

*조리방법

1 떡볶이 떡은 찬물에 담가 불린다.

2 어묵은 먹기 좋게 썰고, 양파는 채 썬다. 대파는 송쏭 썬다.

3 분량의 빨간장 재료를 잘 섞는다.

4 팬에 물을 붓고 ③의 빨간장 양념을 넣어 한소끔 끓인 후 떡과 어묵,

양파를 넣고 양념이 꾸덕해질 때까지 끓인다.

5 ④에 송송 썬 파와 통깨를 뿌린다.

옥주부's Cooking Tip
☑ 빨간 양념 만드는 방법도
어렵지 않지만, 이마저도
귀찮다 하시는 내 사람들이
있다면, '옥주부 빨간장'을
구입해 보세요. 이보다
쉬울 순 없어요.

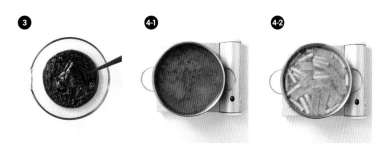

❸ ④-1 ④-2

해물떡볶이

해물, 떡, 국물로만 승부를 보는 옥주부의 레전드 떡볶이입니다. 옥주부빨간장이 있다면 따로 소스를 만들 필요도 없어요. 이 레시피는 일반 고추장 버전으로 알려드릴게요.

*재료

떡볶이 떡 250~400g
오징어 1마리
새우 3마리
홍합 5~10개
어묵 70g
대파 1대
물 800ml

양념
고추장 2숟가락
진간장·고춧가루
1숟가락씩
설탕 3숟가락
올리고당 3~4숟가락
간 마늘·소고기다시다
½숟가락씩
미원 ⅓숟가락

*조리방법

1 손질한 오징어는 링 모양이 되게 썰고, 대파는 어슷 썬다.

2 냄비에 물과 분량의 양념 재료를 모두 넣고 끓인다.

끓어오르면 떡과 어묵을 넣고 3분간 더 끓인 후 중불로 조절한다.

3 ②에 손질한 오징어와 대파, 새우, 홍합을 넣고 4~5분간 더 끓인다.

2-1   2-2   2-3

옥주부's Cooking Tip

☑ 옥주부빨간장에
소고기다시다와 미원만
추가하면 다른 양념 재료는
필요 없어요.
☑ 남은 국물에 밥, 들기름,
김가루와 통깨를 넣고
볶은 후 맛소금으로 간하면
볶음밥 완성!

3

211

로제떡볶이

요즘 최고로 핫한 떡볶이가 로제떡볶이라면서요? 옥주부표 레시피로 만들어보았어요.
맛이요? 자꾸 실실 웃음이 나오는 맛이에요. 이걸 드시면 빨간 떡볶이를 잊으실지 몰라요.

*재료

떡볶이 떡 300g
비엔나소시지 10개
슈레드치즈 적당량
물 400ml

빨간장
고추장 2숟가락
진간장·고춧가루
1숟가락씩
올리고당 4숟가락
설탕 3숟가락
간 마늘 ½숟가락
소고기다시다·
조개다시다 ⅓숟가락씩
미원 ¼숟가락

로제 소스
생크림 12숟가락
시판 토마토소스
10숟가락

옥주부's Cooking Tip
☑ 사용하고 남은 빨간장은
하루 정도 숙성시킨 후
돼지고기에 버무려 볶아
드세요. 제육볶음이나
돼지주물럭과 같은 비주얼이
완성된답니다.

*조리방법

1 각각의 믹스볼에 분량의 빨간장 재료와 분량의 로제 소스 재료를 각각 섞어 준비한다. 떡은 물에 불려둔다.

2 팬에 물을 붓고 ①의 빨간장을 수북이 3숟가락 떠 넣은 후 끓인다.

3 ②에 ①의 불린 떡과 소시지를 넣고, 양념이 꾸덕꾸덕해질 때까지 불 조절을 하며 끓인 후 오븐용 그릇에 옮겨 담는다.

4 ③에 ①의 로제 소스를 넣고 슈레드치즈를 취향에 맞게 뿌린 후 오븐이나 전자레인지에 치즈가 녹을 때까지 가열한다.

식혜

어릴 때 할머니가 만들어 주시던 입에 착 붙는 식혜의 맛.
레시피는 긴데 방법은 어렵지 않아요. 전기밥솥만 있으면 누구나 만들 수 있으니 도전해보세요.

*재료

찹쌀·엿기름 200g씩
설탕 500g
물 4150ml(밥용 150ml +
엿기름용 4L)

*조리방법

1 전기밥솥에 분량의 찹쌀과 물 150ml를 넣고 꼬들꼬들한 밥을 짓는다.

2 믹스볼에 분량의 엿기름과 물 1L를 넣고 쌀 씻듯이 엿기름을 손으로 치대며

엿기름 원액을 모은다.

3 ②를 총 4회 반복해 총 4L의 엿기름 원액을 만든다.

만약, 4L가 안 되면 물을 채우고 분량이 많은 것은 상관 없다.

4 엿기름 원액을 소창 행주나 고운 체에 걸러 불순물을 제거한다.

5 ①의 찹쌀밥에 엿기름 원액 1L를 넣어 주걱으로 잘 섞은 후

전기밥솥을 보온으로 두고 삭힌다.

6 찹쌀이 둥둥 떠다닐 정도로 삭히면 밥솥 내용물을 모두 냄비에 쏟는다.

여기에 남은 엿기름 원액 3L를 같이 넣어 끓인다.

7 ⑥이 팔팔 끓으면 중불로 조절하고, 찹쌀밥에 설탕을 넣는다.

중간중간 거품을 거둬내며 10분간 더 끓여 완성한다.

옥주부's Cooking Tip

☑ 엿기름 원액은 뜨거운
밥에 부어주어야 해요.
찹쌀로 밥을 지은 후
보온으로 유지해주세요.

붕어빵

집에 있는 와플 팬으로도 만들 수 있는 붕어빵 레시피입니다.
팥앙금, 슈크림 섞어가면서 맛있게 만들어보자고요.

*재료

팥앙금 100g
크리미비트 100g
우유 200ml

반죽
밀가루(박력분) 250g
달걀 2개
우유 400ml
설탕 6숟가락
녹인 버터 3숟가락
베이킹파우더 2숟가락
옥수수전분 1숟가락
소금 ⅓숟가락

옥주부's Cooking Tip

☑ 크리미비트와 우유가
만나면 '카스타드' 안의
노란 크림 맛이 나요.

☑ 버터를 전자레인지에
1분만 돌리면 물처럼 녹아요.
녹인 버터는 그렇게
만드세요.

☑ 위의 반죽 양은 붕어빵
40~45마리 정도를 만들 수
있는 분량이에요. 붕어빵을
한 번 굽는 데 5분 정도
걸리거든요? 40마리를 다
구우려면… 하햐. 몇 개만
붕어빵 모양으로 만드시고,
나머지는 와플팬에 크게~
구워 드세요.

*조리방법

1 분량의 반죽 재료를 섞어 붕어빵 반죽을 만든다.

2 크리미비트와 우유를 섞어 붕어빵 안에 넣을 크림을 만든다.

팥앙금도 준비해둔다.

3 가정용 붕어빵 기계의 모양 틀에 반죽을 짜 넣고,

팥과 앙금을 더해 붕어빵을 만든다.

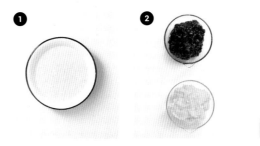

몬테크리스토 샌드위치

오늘 아이들 간식으로 비주얼 폭발하는 몬테크리스토 샌드위치 어떠세요?
맛도 맛이지만 사진이 너무 잘 나와요. 딱 인스타 감성의 요리라고나 할까요?

*재료

식빵 3장
달걀 2개
슬라이스 햄 2장
모차렐라치즈·
체다치즈 2장씩
허니머스터드 소스·
딸기잼·슈거파우더·
식용유 적당량씩

*조리방법

1 달걀 2개를 섞어 달걀물을 만든다.

2 식빵 한 면에 허니머스터드 소스를 바르고, 그 위로 모차렐라치즈, 햄,

체다치즈 순서로 올린다.

3 양면에 딸기잼을 바른 식빵을 ②의 위에 올린다

다시 그 위로 모차렐라치즈, 햄, 체다치즈 순서로 올린 후

한 면에 허니머스터드 소스를 펴 바른 식빵으로 덮는다.

4 ②를 ①의 달걀물에 폭 담근 후 식용유를 두른 팬에 앞뒤로 굽는다.

5 ④를 먹기 좋게 썰어 접시에 담은 후 슈거파우더를 뿌린다.

2

3-1

3-2

4

 옥주부's Cooking Tip

☑ 딸기잼 대신
블루베리잼을 바르고,
모차렐라치즈 위에
바질페스토를 바르면
바질블루베리 몬테크리스토
샌드위치를 만들 수 있어요!

마약옥수수

멕시코의 국민 간식인 엘로테입니다.
요즘은 전자레인지용 옥수수가 많이 나와서 쉽게 만들 수 있는 마약옥수수. 내 사람들~ 한번 잡숴봐요.

*재료

옥수수 2개
버터 20g
소금 약간
마요네즈·
파르메산치즈가루·
파프리카가루·
파슬리가루 적당량씩

*조리방법

1 옥수수를 전자레인지에 넣고 2~3분 익힌다.

2 달군 팬에 분량의 버터를 넣고 약불로 녹인다.

3 ①을 버터로 코팅하듯 돌려가며 굽고, 소금을 뿌린다.

4 ③에 마요네즈를 얇게 펴 바르고, 파르메산치즈가루, 파프리카가루,

파슬리가루를 순서대로 뿌린다.

옥주부's Cooking Tip

☑ 옥수수는 삶아서
진공 포장해 둔 것으로
구입하세요. 편의점에서도
쉽게 볼 수 있어요.

☑ 집에서 삶은 옥수수를
활용해도 좋아요.

☑ 파프리카 가루는 자주
안 쓰는 재료이니 고운
고춧가루나 라면 수프로
대체하셔도 OK!

1

3

4

맥앤치즈

아이들에게는 든든한 한 끼, 어른들에게는 끝내주는 맥주 안주인 맥앤치즈.
마카로니 위에 체다, 파르메산, 모차렐라치즈 3종을 올려 입 안의 호사를 누릴 수 있답니다.

*재료

마카로니 1종이컵
우유 300ml
버터·밀가루 20g씩
모차렐라치즈 20~40g
체다치즈 1~2장
파르메산치즈가루 5g
올리브유 1숟가락
물 500ml
빵가루·후춧가루·
파슬리가루·
베이컨 크럼블 적당량씩
소금 약간

*조리방법

1 냄비에 물과 소금, 올리브유를 넣고 끓인다.

물이 끓으면 마카로니를 넣고 8분간 삶은 후 차가운 물에 넣어 식힌다.

식힌 마카로니는 체에 밭쳐 물기를 완전히 제거한다.

2 버터를 녹인 팬에 밀가루를 넣고 1~2분간 젓다가,

우유를 조금씩 부으며 계속 젓는다.

3 ②에 모차렐라치즈, 체다치즈, 파르메산치즈가루를 넣고 젓다가

걸쭉한 상태가 되면 불에서 내린다.

4 ③에 ①의 마카로니를 넣고 버무린 후 빵가루를 올려 210℃로 예열한

오븐에서 5분간 굽는다.

5 ④ 위에 후춧가루, 파슬리가루, 베이컨 크럼블을 뿌려 완성한다.

옥주부's Cooking Tip
☑ 베이컨 크럼블이 없다면
팬에 베이컨을 바싹 구운 후
손으로 부숴서 뿌려도
좋아요.

감자치즈와플

꾸덕꾸덕하고 바삭한 식감에 자꾸 손이 가는 감자치즈와플입니다.
감자채 대신 냉동 감자튀김을 활용해도 되니 정말 손쉽게 만들 수 있겠죠?

*재료

큰 감자 5개
(작은 감자 7~9개)
체다치즈·
모차렐라치즈 150g씩
베이컨 2~3장
아몬드 슬라이스·
버터·소금·전분·
파슬리가루 적당량씩

*조리방법

1 감자는 얇게 채 친 후 소금에 10분간 절인다.

절인 감자채는 물에 헹구고 손으로 꼭 짜 물기를 제거한다.

2 버터를 녹인 팬에 전 부치듯 ①을 동그랗게 놓고,

그 위에 전분을 뿌려 앞뒤로 부쳐 낸다.

3 ②를 3~4장 만들어 켜켜이 쌓은 후 그 위에 체다치즈와 모차렐라치즈를

듬뿍 올린다.

4 ③을 에어프라이어에 넣고 160℃로 7~8분간 굽는다.

5 베이컨은 팬에 바싹 구워 식혀둔다.

6 ④가 완성되면 구운 베이컨을 손으로 부숴 뿌리고, 아몬드 슬라이스와

파슬리가루를 뿌린다.

옥주부's Cooking Tip

☑ 감자채를 치는 게
번거롭다면 냉동 감자
튀김을 활용해도 좋아요.
냉동 감자튀김을
에어프라이어에 돌려
익힌 후 와플기에 넣어
누르면 되는데, 이때
감자튀김의 양이 많아야
부서지지 않아요.

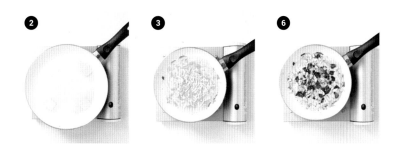

강정 3종 (호두, 피칸, 아몬드)

빵집에 갈 때마다 '이게 뭐라고 이렇게 비싸?' 그랬는데 은근 손이 많이 가더라고요.
꿀맛이 뚝뚝 떨어지는 강정, 바삭바삭 과자처럼 오도독거리는 식감이 정말 매력 있어요.

*재료

피칸·호두·아몬드
150g씩
물 1500ml(각 500ml씩)

소스
물 150ml
설탕·꿀 2숟가락씩

*조리방법

1 피칸의 가루를 털어내고 물에 씻는다.

2 냄비에 물 500ml 넣고 끓이다가 팔팔 끓으면 피칸을 넣고 3분 정도 데친다.

건져낸 피칸은 찬물에 넣어 씻고 체에 건져내 물기를 털어낸다.

3 마른 팬에 ②의 피칸을 넣고,

약불로 수분기가 날아갈 때까지 계속 볶다가 불을 끈다.

4 다른 팬에 분량의 소스 재료를 넣고 중불에 끓이며 설탕을 녹인다.

5 ③의 팬에 ④의 소스를 조금씩 부어가며 졸인다.

6 ⑤에서 소스가 완전히 없어지면 오븐 트레이 위에 종이호일을 깔고,

그 위에 졸인 피칸을 겹치지 않게 놓는다.

7 ⑥을 160℃로 예열한 오븐에 5분간 굽는다. 다 구워지면 10분간 식혀

병에 담는다.

8 아몬드, 호두도 같은 방법으로 만든다.

옥주부's Cooking Tip

☑ 완성된 강정은 예쁜 병에 담아 잘 보이는 곳에 놓주세요. 보기에도 예쁜 것은 물론, 아이들 간식으로, 어른들 술안주로 정말 좋아요.

☑ 견과류를 구울 때 오븐 대신 에어프라이어를 활용해도 굿!

INDEX

okdongja1004

5,931명이 좋아합니다
okdongja1004 해물파전입니다.

okdongja1004

5,237명이 좋아합니다
okdongja1004 기사식당 따라잡기!

okdongja1004

94명이 좋아합니다
ongja1004 마성의 옥잡채!

맛있게 쓴
옥주부
레시피100

초판 1쇄 2021년 6월 1일
초판 13쇄 2021년 11월 15일

지은이 정종철

발행인 박장희, 이상렬
제작 총괄 이정아
편집장 손혜린

기획 김수영(공작소오월)
사진 오충근(스튜디오충근)
스타일링 김상영(노다플러스쿠킹스튜디오)
　　　　　어시스트 장연지, 조은주
디자인 뮤트스튜디오
마케팅 김주희, 김다은

발행처 중앙일보에스(주)
주소 (04513) 서울시 중구 서소문로 100(서소문동)
등록 2008년 1월 25일 제2014-000178호
문의 jbooks@joongang.co.kr
홈페이지 jbooks.joins.com
네이버 포스트 post.naver.com/joongangbooks
인스타그램 @j__books

ⓒ정종철, 2021
ISBN 978-89-278-1232-6 13590

중앙북스는 중앙일보에스(주)의 단행본 출판 브랜드입니다.